ちくま学芸文庫

動物と人間の世界認識

イリュージョンなしに世界は見えない

日高敏隆

動物と人間の世界認識＊目次

動物と人間の世界認識——イリュージョンなしに世界は見えない

序章　イリュージョンとは何か

人間が見ている世界と他の動物が見ている世界

動物行動学の先駆的研究家であるドイツのユクスキュル（Jakob von Uexküll 1864-1944）が唱えた「環世界」という概念は、一九三〇年代というきわめて古い時代のものであるが、動物たちを見ていると、ユクスキュルは非常に重要なことを言っていたのだということがわかってくる。

あとで述べるとおり、動物たちはそれぞれがそれぞれの環世界をもっている。それはわれわれが見ている客観的な世界とは違って、そのごく一部を切り取って見ているといえるかもしれない。たとえば、第3章で述べるように、チョウの場合にそれが言えるだろう。それはそのチョウ、モンシロチョウならモンシロチョウ、アゲハチョウならアゲハチョウが構築している環世界であるけれども、それは現実の姿とは違う。もし、われわれ人間が、見て捉えている、把握しているものを現実のものとすれば、モンシロチョウやアゲハチョウが捉えている世界は、それとは違うものである。

それは客観的なものでなく、きわめて主観的な、それぞれの動物によって違うものであるということになる。それがそのモンシロチョウが構築している世界だとすると、きわめて限定された、まさに主観的な世界を構築していることになる。では、われわれ人間は本当に客観的な世界を見、客観的な世界を構築しているのだろうか。

それも違う。後に述べるとおり、人間にも、知覚の枠というものがある。誰でも知っているとおり、われわれには紫外線や赤外線は見えない。そのようなものは現実の世界に存在しているのであるが、われわれにはそれを見ることも感じることもできない。ただ、その作用を受けているだけである。われわれはそれを研究することによって、そのような紫外線なり赤外線なりというものの存在を知る。

知ったうえで、それを含めた世界を頭で考えている。その一部は現実的な価値を持つ。紫外線というものがあるのだから、それを避けるような日焼け止めクリームを塗らずにいると、ものすごい日焼けをする場合がある。

赤外線を発するような装置を作れば、赤外線は目には見えないけれど、熱として感じることができる。したがって、赤外線ヒーターというものをつくることができた。それによってわれわれは、眼には見えない世界を構築することができる。しかしそれは、頭の中で構築しているのであって、現実に感じているものではない。

動物たちにも、それぞれの知覚の枠があって、アゲハチョウの場合にはその枠が非常に広い。彼らは紫外線を本当に感じることができる。それに従って彼らは世界を構築している。それは人間が見ている世界の一部ではない、人間が見ている世界を超えたものである。そして人間には彼らの世界を実感することができない。

そうなると、ユクスキュルが言っている環世界というものは何を言っているのか。それが現実であって、人間はその一部しか見ていないのか。人間は科学、技術によって紫外線、赤外線、さらには電磁波など、さまざまな存在を知っているから、客観的にものを知っていると思っている。それが本当の客観的世界であって、動物たちに見えている世界はいずれもそのごく一部にすぎないという言い方もできるし、実際にそのような言い方もされている。

けれどたとえば、モンシロチョウにとって、彼らが構築している世界というものは彼らにとっては現実であるはずである。それ以外に世界はないのである。するとこの現実はひとつの虚構として成り立っているといえるかもしれない。しかしそれは虚構ではない。それはモンシロチョウにとってみれば実際の現実なのである。

イリュージョンの意味

かねてからいわゆる「唯幻論」を展開している岸田秀《しゅう》氏は、「人間は本能が壊れてしまったためにその代わりとなる『自我』が必要になった、けれどこの自我なるものはじつは幻想であるので、人間は幻想に支えられて生きることになった」と考えている。岸田氏のいうとおり、このような考え方自体は昔からあったかもしれないが、岸田氏の論旨は明快であり、説得されるところ大であった。

人間が古来からさまざまな幻想を持ち、それによってさまざまな生き方をしてきたことはまさに岸田氏の指摘するとおりであるが、本能によって生きているとされる動物たち（人間以外の動物たち）もまた、ある意味での幻想を持っていないというわけではない。

ユクスキュルの環世界論はその点でたいへん興味ぶかいものであった。詳しくは第2

章で述べるが、人間以外の動物たちも、身のまわりの環境すべてを本能によって即物的にとらえているわけではない。むしろ本能というものがあるがゆえに、それによって環境の中のいくつかのものを抽出し、それに意味を与えて自らの世界認識を持ち、その世界（ユクスキュルによれば環世界）の中で生き、行動している。

その環世界はけっして「客観的」に存在する現実のものではなく、あくまでその動物主体によって「客観的」な全体から抽出、抽象された、主観的なものである。

それは人間の場合について岸田氏のいう「現実という幻想」にあたるものかもしれない。

そのようなものを何と呼んだらよいであろうか？

それを「幻想」と呼べば呼べるかもしれないが、そうすると人間における幻想と混乱する。人間の幻想はさまざまなファンタジーをも含んでいると思われるが、人間以外の動物たちがそこにファンタジーを感じたり、自我を見出したつもりになっているとは考えられない。

それはある種の錯覚であるとも言える。けれどそれは必ずしもつねに「思いちがい」であるわけではないし、客観的事実と一致しない、誤まった知覚であるとは限らない。

きわめて俗っぽくいえば、それはある意味での色眼鏡かもしれない。しかし、たとえば動物と人間における色眼鏡と呼んだとすると、かなり限定された印象を与えることになろう。

そのようなことをいろいろと考えた末、ぼくはそれをイリュージョン（illusion）と呼ぶことにした。

イリュージョンということばには幻覚、幻影、幻想、錯覚などいろいろな意味あいがあるが、それらすべてを含みうる可能性を持ち、さらに世界を認知し構築する手だてともなるという意味も含めて、イリュージョンという片仮名語を使うことにしたい。これなら岸田氏の唯幻論との混乱も避けられると思う。

イリュージョンの持つ働き

モンシロチョウはモンシロチョウなりのイリュージョンを持っている。そのイリュージョンは彼らの知覚的な枠によってできたものといえる。その知覚的な枠の中で、世界を感じ、その世界を構築し、その中でしかるべく動いて、それによって彼らは食物を取ることができる。そして子孫を残していくことができる。このようにしてモンシロチョウは何十万年もこの地球上に生きつづけてきた。他の動物についてもそれは同じである。人間もまた知覚の枠を持っている以上、この地球上の世界というものを完全に認識し、それに基づいた世界を構築することはできないはずである。しかし理論的にはそれはできる。科学的な理論ができあがってくれば、それに従ってこれこれしかじかの世界があるはずだということは認識できる。そしてそれに従って動き、あるいはそれに従って機械をつくり、そして生きていくことができる。現に人間はそのようにして生きてきた。けれどそれは現実にはわれわれには感じることができないものを含んでいる。たとえば紫外線について言えば、紫外線というものがあるということは知ってはいるが、感じることはできない。紫外線というものがどんな色のものか、まったくわからない。いかに機械でそれを証明しようとしても、その色は実感できない。するとこれはなんだろうか。理論的に存在し、頭ではわかっているが、現実に見たり触れたりして実感することはできないもの。それはある種のイリュージョンではないか。

そしてさらに、そのイリュージョンはそれぞれの動物のその知覚の枠といういきちっとした根拠のあるものの上にたっている。人間の場合もまた同じである。そうすると人間の構築している世界もイリュージョンで成り立っているといってもよいだろう。たとえば、人間は死というものを知ってしまった。他の動物はたぶんそれを知らない。人間は死というものがあるということは理論的に知っているが、自分がそれを感じて、どんなものであるかを感覚的に認識することはできない。

そこから悩みは始まっている。死というものの存在を知ってしまったけれど、人間の知覚の枠の外にある以上、それを体験することはできない。頭の中ではそれを取り込んだ形で世界を構築せざるをえない。すると死というものはどういうものか、死んだ後の世界はどうなっているのか、それをまったくわからないままに世界を構築しているので、そこにできあがってくる世界は、イリュージョンとしかいいようがない。そして人間はこのイリュージョンの上に立って、いろいろなことをやってきた。

宗教も生まれたし、さまざまな信仰のような行為や、いろいろな思想が生まれた。世界各地で多様な儀式や儀礼も生まれた。しかし、その元は、今言った、イリュージョンである。そのようなイリュージョンは、いったいどのような働きをもっているのか。それをこの本で考えてみたい。

第1章　ネコたちの認識する世界

陶器のネコはどう見えたか

ぼくは三〇年以上前からネコを飼っている。もちろん同じ一匹のネコではなく、次つぎに代替わりしている。同時に一〇匹を超すネコがいたこともあるし、一匹しかいなかったこともある。

ネコにも個性のようなものがあって、いろいろなネコがいた。そのネコたちのしているることを見ていると、彼らが自分たちのまわりの世界をどのように認識しているかがわかってきて、大変興味深かった。

あるとき妻のキキが、鎌倉か横浜で、非常にうまくできた陶器のネコの置物を買ってきた。イギリス製ということであったが、青みがかった灰色をしていて、大きさは、ちょうど実際のネコぐらい。座ったネコがじっと、ゆったりとした顔つきでこちらを見ている。そういうネコの置物であった。

ネコの置物

あるとき、このネコの置物をテーブルの上に置いておいた。

しばらくしてぼくは、その時に家にいた大きなオスネコが、何かしきりに唸っていることに気がついた。行ってみると、そのオスネコはこの陶器のネコの置物に向かって、身構えて、攻撃しようとしているのである。オスネコは、背を丸めるようにして、歯をむき出して唸っている。しかし、陶器のネコはもちろん何の反応もしない。攻撃しようとするオスネコをただじっと見ているだけである。

オスネコはだんだん怖くなってきたらしい。背中がますます丸くなり、耳が後ろにふせられて、非常な恐怖心をもっているときの姿になってきた。唸り声もますますすごくなる。しかし、陶器のネコはまったく動じない。

これだけの威嚇に怖がらないということは、ものすごく強いネコだとオスネコは感じたのであろう。ますます恐怖に満ちた姿勢になり、唸り声だけはますます激しくなる。

とうとうそのオスネコは、勇を鼓して、右手をあげ、爪を立てて、陶器のネコを引っかこうとした。とたんにそのオスネコの爪は陶器のネコをたたき、カチンという音がした。そのときのオスネコの本当にびっくりした顔がじつにおかしかった。それ以来、そのオスネコは陶器のネコをなんとも思わなくなった。

ネコはわかってしまったのであろう。しかし、オスネコが陶器のネコを本当のネコだと思っていたことは確かである。それがとても不思議だった。なぜならば、その陶器のネコにはもちろん毛など生えてない。形が完全にネコだというだけのことであって、もちろん匂いもしない。しかし、オスネコは陶器のネコを本当のネコだと思ったのである。ネコは何を以てネコをネコだと認知しているのだろうか。

そこでこのオスネコに、非常にネコらしくできた縫いぐるみを与えてみた。大人のネコの大きさのものとか、子ネコくらいの大きさのものを与えたり、見せてやったりした。するとそのオスネコは、ぼくらにはじつに本物のネコらしく見える縫いぐるみに近づいていって、ころがしてみたり、ちょっと噛んでみたりする。つまり、遊んでしまうのである。ネコだと思っているとは到底思えない。しかし、ぼくらからみると、こういう縫いぐるみは毛が生えていて、匂いこそしないが、本当にネコだと思える、可愛いネコの縫いぐるみなのであった。

いったいネコは他のネコをどう思っているのだろう。それが大変気になった。

あるときぼくは、本だったか論文だったかで、子ネコに親ネコの絵を描いて見せてやると、本当の親ネコにするようにじゃれつくということを読んだ。この話はぼくの興味をひいた。

描かれたネコへの反応

そこでさっそく、少し大きめの画用紙にマジック・インキで簡単なネコの線画を描いた。四つ足で立っているネコの姿である。しっぽは右のほうにすこし伸ばしておいた。驚いたことにネコたちは、すぐに絵に寄ってきた。メスネコは首をのばすと、ちょうど、絵のネコの前足の付け根から肩くらいのところに口が触れる。そして、絵に描かれたネコに鼻先をつけて、くんくんと匂いをかぐのである。ぼくはびっくりした。次に子ネコがちょこちょこやってくる。子ネコは背が低いので、絵のネコに鼻を近づけると、鼻先は前足に触れる。すると同じように、子ネコはくんくんと絵のネコの匂いをかぐのであった。

オスネコの場合はもっとおもしろかった。オスネコは絵のネコの体の前方ではなく、後ろのほう、尾の付け根のあたりに鼻をつけて、匂いをかぐのである。つまり、そこはメスネコの性器や、肛門があるところである。おそらくオスネコはこの絵を見て、絵だけではオスなのか、メスなのかわからなかったので、性器のところに鼻先をつけて匂いをかいだのであろう。

いずれの場合にも、匂いをかぐと、ネコでないことがすぐわかるらしく、即座に関心を失って離れていってしまった。

本当に簡単な、黒いマジックで描かれた線画のネコの、なんということもない一筆書きである。それを見て、ネコたちはちゃんと寄ってきて匂いをかいだのである。ということは、まったく平面的なネコを見て、ネコたちは、立体的なネコを想像したのだとしか言いようがない。それからぼくは、うちにいた、いちばん馴れたネコで次のようなことをやってみた。

たまたま部屋の掃除をするために、いろいろなものをとりはらった、がらんとした洋間の部屋の壁に大きな紙を張って、実物大に近いテーブルと椅子の絵を描いた。もちろん、絵というよりも、単なる線画である。そしてその部屋にネコを放した。ネコはまったく知らない部屋に放り込まれたので、不安げにあちこち見ていたが、すぐに絵に気がついた。ネコは絵の机に近寄っていって、机の脚に鼻をつけ、匂いをかいだ。次に隣に描かれている椅子に近寄って、絵の椅子の脚に鼻をつけ、くんくんとかいだ。そして、匂いがなにもしないのですぐに離れた。

その次の実験としては、こんどは、窓の側に大きな紙を張り、そこに、窓の絵を描いた。片側の窓は開いているように描いた。そこにネコを放すと、ネコはまた不安そうにしていた。その部屋の入り口は閉めてあって、三方は壁である。窓を描いた絵は本当の窓のところに下げておいたが、その時は夜であったから、窓が明るかったことはない。部屋には電気をつけていたので、そこには開いた窓の絵が見えていたわけである。そこにネコを放して、しばらく不安そうにしていることを見届けたところで、いきなり、がたんと大きな音をさせた。ネコはびっくりした。そして、逃げ出そうとした。その時ネコは、いきなり開いた窓の絵に跳びついたのである。絵を描いた紙は鋲で張ってあっただけなので、ネコが爪を立てて、跳びつけば当然落ちる。ネコは紙ごともんどりうって床に落ちた。そして、非常な恐怖心をもって、なんとか逃げ出そうと走りまわっていた。ぼくはすぐにごめんごめんといってそのネコを抱き上げてやった。

これも本当に不思議なことであった。さきほどの場合も、この時の場合も、単なる平面的な絵である。しかし、もちろんほんもののネコは立体的なものであり、机もそうである。しかし、ネコはまったく平面的な絵のネコや、机や椅子、窓に、まったくほんもののネコや机や椅子や窓と同じように反応した。そのように認識しているのだとしか言いようがない。じつに不思議な世界認識だ。ぼくにとってはとてもおもしろい体験だった。

思い出してみると、よくわかることがいろいろ出てきた。たとえば、ネコを飼っている人ならだれでもわかっているように、ネコはすぐにドアをあけて、外に出ていきたがる。そこで、鳴くネコもいるし、じっと座っているネコもいる。とにかく、飼い主はネコが部屋から出ていきたいと望むときには、ドアを開けてやらなくてはならない。入ってくるときも、勝手に入ってきたがる。鳴くネコはいいけれど、鳴かないネコはぜんぜんわからない。勝手に出たり入ったりするし、冬は寒い。

そこで、ぼくの家では、部屋のドアのところに細工をして、そこにトラップドアをつけてある。つまり、押せば、向こうに開く。ネコが通ってしまえば、すぐに閉まる。だから、そんなに風がすうすう抜けないようになっているのである。しかし、ネコは自由に出入りできる。そういうトラップドアをつけておいた。そしたら、妻がそのトラップドアの入り口に、ネコの入り口という意味でちょうど実物大のネコの顔を描き、その絵を切り抜いて、トラップドアに貼った。これはまったくの親切心からであった。つまり、ここはネコちゃんの通り道だよということを教えてやるつもりだったのである。

すると、それまで平気でトラップドアを出入りしていたネコがとたんにそこを通らなくなった。そばまでいって非常に怖そうな顔をして止まってしまう。それ以上近づかない。なぜそのようになるのか、と不思議に思っていたが、先ほどのいろいろな経験でその理由がわかった。つまり、ネコはそのネコの顔の絵を見て、本当の猫だと思っていたのである。これは普通のネコよりも、ちょっと大きな顔の絵であった。したがって、そこには自分よりも大きなネコがいるということになったのであろう。それで、ネコたちは皆、怖がってしばらくは通らなかったのである。

このような経験からぼくは、ネコたちが自分たちの仲間、つまり生きたネコというもの、あるいは自分たちの周りのものをどのように認識しているのかということが少しわかってきた。彼らはそこにある三次元的な物体とか、匂いとか、そういうふうなもので周りのものを認識しているのではないのだ。まったく平面的な線画であっても、そのものとして認知できるらしい、そして、確認するために近寄っていって、くんくんと匂いをかぐ。そこで最終的にそのものがなんであるか、実物であるか、実物でないかがわかるということであるらしい。

けれど、この実験は、時間をおいてなんどやっても、必ず同じ結果になったから、一度見ておけば、それでもうこれは絵である、これは実物であるということを学んでしまうということではどうもないらしい。実物ではないということはわかるが、一般的なこととしてこれは絵である、平面であるというふうなことを学ぶことはないらしい。彼らの世界は、何かわれわれには想像できないような形でできあがっているのだなということが、よくわかったような気がした。

しかし、ネコたちが認識している世界は、われわれからすれば何ら現実ではないし、いわゆる客観的なものというものでもない。しかし、ネコにとってみると、それは大変大事な認識であって、ネコが自分たちの世界を認識するには、それ以外の方法は、おそらくないのであろうということをぼくは感じた。

第2章　ユクスキュルの環世界

ダニの世界

第1章のネコの例で述べたようなことは、われわれが環境というものを考えるときに非常に重要な意味を持ってくる。一九三〇年代初め、ユクスキュルは、環境と世界の問題に関し、非常におもしろい理論を展開した。

われわれが環境というとき、昔は環境というのは、あるもの、とくに生物学でいうときには、ある生き物（もちろん人間を含めて）の身の回りにあるものを環境ということになっていた。ドイツ語では、これをウムゲーブング（Umgebung）、周りに与えられたもの、という言葉を使って表現していた。だから、独和辞典をひけば、Umgebung すなわち環境と書いてある。他の辞書で環境とひけば、英語ではエンヴァイロンメント（environment）、フランス語ではミリュー（milieu）あるいはアンヴィロンヌマン（environment）、ロシア語ではスリェダー（среда）と記されている。

英語のエンヴァイロンメントというのは、エンヴァイロン、すなわち周りをとりかこむものということである。他の言語でも同じことだ。つまり、周りをとりかこむもの、それをわれわれは環境といっている。そして、かつての「自然科学的」な認識では、環境は客観的に存在するもので、温度は何度、湿度はどれくらいであって、空気の濃度はどれくらい、酸素の濃度、二酸化炭素の濃度はどうだなど、すべて数字で記述できるもの、それが環境であるというふうに思われていた。

そこには、草もある。それには、どういう草と、どういう草があって、花が咲いている、どういう木がある、どんな石がある、等々、全部記述できるはずである。それが、そこに住んでいる動物の環境、客観的な環境である。こういう認識が、もっともオーソドックスな環境の定義であった。

しかし、ユクスキュルはそうではないというのである。

彼が一九三四年、クリサート（Georg Kriszat）と共に著した「動物と人間の環世界をめぐる散策」（*Streifzüge durch die Umwelten von Tieren und Menschen*; S. Fischer Verlag）（邦訳のタイトルは『生物から見た世界』日髙敏隆・羽田節子訳、岩波文庫、二〇〇五年）という小さな本の中で、ユクスキュルはこれについて詳しく論じている。

その論調はきわめて理論的で、一読して簡単に理解できるとはいい難いが、彼が例にとったダニの話は、多くの人びとに強い印象を与えた。

森や藪の茂みの枝には小さなダニがとまっている。この動物は温血動物の生き血を食物としている。ダニは適当な灌木の枝先によじ登り、そこで獲物をじっと待つ。たまたま下を小さな哺乳類が通ると、ダニは即座に落下して、その動物の体にとりつく。

ダニには目がないので、待ち伏せの場所に登っていくには全身の皮膚にそなわった光感覚に頼っている。哺乳類の皮膚から流れてくる酪酸の匂いをキャッチすると、とたんにダニは下へ落ちる。酪酸の匂いが獲物の信号となるのである。

ダニがその敏感な温度感覚によって、自分が何か温かいものの上に落ちたことを知ったら、ダニは触覚によって毛の少ない場所を探し出し、口を突っ込んで血液を吸う。これでダニは食物にありつくことができ、その栄養によって卵をつくり、子孫を残す。

この一連のプロセスは、生理学的に理解すれば、まず光、次いで匂い、そして温度、最後に触覚に対する機械的な反射行動の連続のように思える。

そのように見れば、ダニは一つの機械にすぎない。けれどそこでユクスキュルは、ダニは機械なのか、それとも機関士なのかと問うのである。

光も匂いも温度も接触もすべて刺激である。しかし、刺激というものは一つの信号ではあるけれども、それが主体によって知覚されたとき、初めて刺激となるものだ。ダニはそれぞれの信号に対してそれを意味のある知覚信号として認知し、それに対し主体として反応する。その結果、ダニは食物を得、子孫を残していくのである。つまり、ダニは機械ではなくて、機関士なのである。

機関士としてのダニにとって、その環境にはさまざまなものがある。空気、空気の動き、光、日射による温度、植物の匂い、葉ずれの音、いろいろな虫の匂いや歩く音、トリの声もするだろう。しかしそれらのほとんどすべては、ダニにとって意味をもたない。ダニを取り囲んでいる巨大な環境の中で、哺乳類の体から発する匂いとその体温と皮膚の接触刺激という三つだけが、ダニにとって意味をもつ。いうなれば、ダニにとっての世界はこの三つのものだけで構成されているのである。

これがダニにとってのみすぼらしい世界であると、ユクスキュルはいう。そしてダニの世界のこのみすぼらしさこそ、ダニの行動の確実さを約束するものである。ダニが生きていくためには、豊かさより確実さのほうが大切なのだとユクスキュルは考えた。

動物にとって意味のあるものとは?

つまり、それぞれの動物、それぞれ主体となる動物は、まわりの環境の中から、自分にとって意味のあるものを認識し、その意味のあるものの組み合わせによって、自分たちの世界を構築しているのだ。

たとえば、イモムシであれば、今、自分が乗っている葉は、自分が食べるべき植物である。したがって、その存在は重要な意味をもつものと認識されている。しかし、そのほかの植物はこのイモムシにとって意味がない。食べられるものではないからである。そしてそれ以外に空気とかいうものは何ら認識する意味はない。結局、その葉っぱというものにだけ意味があるのであって、他のものは存在していないに等しい。

しかし、イモムシにもやはり敵がいる。ハチとかがこのイモムシを食べにくる。それは彼らにとって意味がある。そういうものがきたとき、彼らが落とす影や彼らの翅《はね》の動きが起こる。その空気の動きにイモムシたちが重大な意味を与えている。それは何ということのない、そよ風が起こす空気の動きとはちがい、自分の命にかかわるものである。そのような意味をもつ空気の動きに対しては、彼らは身体をくねらして逃げようとする。

あるいは、地面に落ちる。そうやって敵を避けようとする。

そういう意味のある存在を彼らは認識できるようになっている。

彼らの世界はほとんどこれらのものから成り立っている。たとえば、美しい花が咲いていようと、それは彼らにとっては意味がない。食物としても敵としても意味のないそのようなものは、彼らの世界の中に存在しないのである。彼らにとって大切なのは、客観的な環境といわれているようなものではなくて、彼らという主体、この場合にはイモムシが、意味を与え、構築している世界なのである。

それが大事なのだと、ユクスキュルはいう。ユクスキュルはこの世界のことを「環世界」、ウムヴェルト（Umwelt）と呼んだ。ウムは周りの、ヴェルトは世界である。つまり、彼らの周りの世界、ただ取り囲んでいるというのではなくて、彼ら主体が意味を与えて作りあげた世界なのであるということを、ユクスキュルは主張した。

したがって、客観的環境というようなものは、存在しないことになる。それぞれの動物が、主体として、周りの事物に意味を与え、それによって自分たちの環世界を構築しているのである。そして、彼らにとって存在するのは、彼らのこの環世界であり、彼らにとって意味のあるのはその世界なのであるから、一般的な、客観的環境というものは存在しない。つまり、いわゆる環境というものは、主体の動物が違えばみな違った世界になるのだというのである。

たとえば、このいわゆる客観的な環境であるちょっとした林の中に、一羽のトリがいたとする。トリから見ると、どの木が、なんという名前の木か、いつ頃実がなるかということは、その時点にしてみると意味がない。なぜならこのトリは、木の実を食べない。虫を食べる。虫を食べるトリにとって、存在するもので意味のあるのは、ひとつは敵であるが、もうひとつは自分の食べ物である。その食べ物は虫である。しかも、このトリは生きた虫を食べる。そのため、動いているものにのみ意味がある。

それは生きているからである。動かないものは意味がない。それは石ころかもしれないし、死んだ虫かもしれないし、そんなものはそのトリは食べない。そうすると、動いていなければだめだということになる。

その小さな虫は、動いているときにだけ、このトリの目に見える、存在するものとして認識される。そして、そのトリは、それをつついて食べようとする。そうやってそのトリは生きている。周りには動かないものはいっぱいあるけれど、そのトリにとっては意味がない。彼らにとってそのような世界は存在していないに等しいということになる。

つまり、主体の動物にとって意味のあるのは、その主体の動物の世界を構築しているものだということである。

一つの部屋がどう見えるか

このことをユクスキュルは、大変おもしろい、有名な絵で説明している。

その絵は、応接間のような部屋の絵である。テーブルの上には食べ物が少しと、飲み物が少し置いてある。周りに何脚か椅子がおいてあって、お客さんが座るはずである。部屋のすみには本棚があって、本が並んでいる。その手前には読書台のようなものがあり、仕事をするときに座るカウンター用の丸椅子が見える。天井からは、電灯が下がっている。その電灯は灯りがついて、こうこうと輝いている。

人間が見ると、この部屋は応接間みたいなところであって、テーブルがあって、そこには食べ物が並んでいる。上からは電灯が光っている。部屋のすみには本棚があって、たくさんの本が並んでいる。その手前には読書台がある。そして、お客さんが座るべき椅子が何脚かとソファーがある。これが人間から見たときの「この部屋」というものであり、人間はそれを「客観的」に認識しており、これが環境だと思っている。

しかし、もしもここにイヌが入ってきてこの部屋を見たとき、どうだろうか。イヌから見ると、食べ物には関心がある。飲み物にも関心がある。上には電灯がついているが、明るいということはイヌにしてみるとあまり関心がない。そして、本棚にどんな本が並んでいるか、そんなことにも関心はない。仕事用の読書台もイヌにはまったく関心がないので、これらのものはその絵の中で、一様に灰色で示されている。

イヌにとって関心があって、彼らが作っている世界の中に存在するものは、そのテーブルの上にある食べ物と飲み物である。その絵の中ではこれは、とくに食べ物用の皿は明るく白色に描かれている。椅子やソファーは、イヌから見ると、彼らの友達である人間の座るであろうものだから、そこには関心がある。だから、これらはうすい灰色に描かれている。それ以外はイヌにとってはあってもなくても同じようなもの、ないに等しい、存在していないものなので、灰色に描かれた絵になっている。それは人間の見る部屋とぜんぜん違うものである。

そして、今度はこの部屋にハエが飛び込んできたとすると、ハエにとって関心があるのは、食べ物と飲み物だけである。ハエから見ると、それだけがぴかっと光って見える。

しかし、テーブルとか椅子とか、そんなものはどうでもよろしい。

本棚、読書台、そんなものには何の関心もない。それはほとんど灰色である。しかし、ハエは光に向かって飛んでいく性質があるから、上から照っている電灯が輝いていることはわかる。だから、電灯が上から照っていて、点々といくつかの飲み物と食べ物がある、それだけである。他のものは何も存在していないに等しい。

しかし、現実にその部屋は存在していて、そこにはいろいろなものがある。少なくとも人間には見える。しかし、イヌから見たときには全部は見えない。イヌから見ると、ここにはごくわずかなものしかない。ハエから見たら、もっとわずかなものしかない。部屋自体は厳然と存在しているのであるが、動物にとって意味のある世界は、部屋全体という、いわゆる客観的なものではない。動物が生きているのは、彼らの環世界の中であって、意味のない客観的な環境の中で生きているのではない。これが、ユクスキュルの「環世界論」である。

人間にとっての部屋

イヌにとっての部屋

ハエにとっての部屋

この環世界論は、彼がこの説を唱え始めた一九三〇年代には、ほとんど評価されなかった。ユクスキュルは動物学者、つまり科学者のはずである。その当時の科学は唯物論的に物を見なくてはならないということになっていた。つまり、この世の中にはいろいろなものが実際に存在している。そして、その存在しているものをわれわれが認めるのである。そうでなければ、科学はできない。

この反対の極地と簡単にいってしまえば、たぶん、カントの唯心論であろう。カントによれば、われわれが認めたものが存在することになる。しかし、それでは科学はできない。だから科学はカント的であってはならないのであって、唯物論的でなければならない。それがその当時の一般的な流れであった。

その中でユクスキュルは、主体が認めたものによって構築された世界にこそ意味があると言ったのである。これはまったく唯物論的ではなく、きわめてカント的である。だから、こういう方法で科学は進むことができない、われわれはそういう形で科学をやることはできないという反感をみんなが抱いた。そのためユクスキュルは結局、動物学者でありながら、大学の正規の先生にはならずに終わった。

しかし、その後もずっと、こういう見方をしなければ、われわれには生物の世界はわからないのではないかという疑問はあったし、そのように思っている人は絶えずいた。

とくに動物行動学ではこれは重大な問題であった。動物たちはみな何らかの行動をしている。何のためにそのような行動をしているのか、どのような仕組みで行動しているのかを考えていくときに、その動物が何を認識し、世界をどういうふうに構築しているかということを考えなければ、われわれはその動物のやっていることは理解できないはずである。そこで、ユクスキュルの環世界論が、だんだんに重い意味を持つようになってきた。

第1章に述べた、ネコの見ている世界、つまりネコの環世界はどんなものかを知ったときに、はじめて、われわれはネコはなぜそんなことをするのかということがわかる。イヌはそういうことはしない。ネコはする。なぜか？　それがわかったときに、われわれはネコというものがわかり、ネコにとっての必然というものがわかり、ネコの世界というものがわかってくるのであろう。

第3章　木の葉と光

アゲハチョウはどこを飛ぶか

チョウがひらひら美しく飛んでいる。何の気なしに見ていれば、それだけのことである。しかし、もう少しよく見ていると、そのチョウがどこでも飛んでいるわけではないということがわかってくる。環世界という言葉を使えば、われわれの側から見れば、木があり、道があり、家があるという世界の中で、チョウはチョウなりにその環世界を構築しているはずなのである。

ぼくはもうずいぶん前から、チョウの研究をしているので、そのようなことを考えざるを得なかった。すでに、『チョウはなぜ飛ぶか』（岩波書店、一九七五年）という本にも書いているので、読まれた方も多いかもしれないが、その本の中でぼくは、ある意味ではじつにくだらないことに関心をもってしまった。

それは、ナミアゲハ、つまり、黄色と黒の縞模様をもった普通のアゲハチョウである、あのナミアゲハが飛んでいるのをよく見てみると、その飛ぶ道は決まっているのである。たとえば道の右側は飛ぶが、左側は飛ばない。それはなぜか、ぼくにはわからなかった。人に話すと、チョウがどこを飛んだっていいじゃないですかと言われたけれども、ぼくにとってはやはりそういってしまうわけにはいかなかった。なぜ、右側は飛んで、左側は飛ばないのか。こういうくだらないことを一生懸命考えたり、調べたりした。

結果的にわかったことは、非常に単純であった。

ナミアゲハは日がよく当たっている木のこずえに沿って飛ぶのである。だから、たとえば、右側に木があったとすると、アゲハチョウはそこを飛んで、木が生えていない左側は飛ばない。あるいは、木は両側に茂っているのだが、たまたま太陽の具合で左側の木のほうには日が当たっておらず、右側の木のこずえだけに日が当たっているとすると、アゲハチョウは右側の木のこずえだけに沿って飛ぶ。左側の日陰になっている所は絶対に飛ばない。それを見ていると、チョウはいつも決まった道を飛ぶことになる。それだけの話だということがわかった。

道が曲がっていると、日差しも変わる。すると、場合によっては右側の木のこずえが日陰になって、左側の木のこずえに日が当たるようになることもありうる。そうすると、そこまできたときに、アゲハチョウは道の右側から左側にわたるのである。それもこちらから見ていて、あそこでチョウは道をわたるぞということが予測できる。そして、実際にチョウはそのように行動する。

アゲハチョウが見ている、つまり彼らが構築している環世界では、日の当たっている木のこずえは非常に重要なものとして浮かび上がっていて、チョウにとってはそれしか見えず、チョウはそこを飛んでいくということになる。

ぼくははじめ、日が当たっているかどうかということは気にしなかったので、チョウは緑の葉っぱの所を飛ぶのだろうと思っていた。ところが草原の中に、木がずっと並木になって生えている場合がある。そのとき、アゲハチョウは緑の草原の上をあちらこちらと飛びまわることはほとんどなく、木に沿って飛んでいく。ただし、その木のこずえに日が当たっていればの話である。

ところが同じように木の生えている所でも、モンシロチョウはまた別の所を飛んでいる。モンシロチョウは木のこずえに沿って飛ぶことは絶対にない。たまたま風に吹き上げられたとしても、彼らは急いで下りて、下の草原に行ってしまう。そして、その草原の上はどこでも飛ぶ。決まった道があるとはどうしても思えない。どちらもチョウでありながら、こんなに違う。それはなぜかということをいろいろ考えてみた。

アゲハチョウの仲間、とくにナミアゲハは、カラタチとか、ユズなどのミカン科の木の葉っぱに卵を産み、幼虫はその葉っぱを食べて育つ。そして、その木の上でサナギになり、羽化する。

オスはなるべく新しいメスを探して、自分の子を産んでもらいたい。だから一生懸命にメスを探す。そのためにオスは飛んでまわるのである。

新しいメスがいる可能性がある所とはどこか。カラタチとか、ミカンとか、ユズなど、ミカン科の木のある所である。イネ科の草が生えている草原とか、キャベツがある畑とかに、新しいメスが出てくる可能性はほとんどない。だから、オスは木のこずえに沿って飛んでいなければ、メスを見つける可能性はないのである。

しかも、ミカンとか、ユズとかという木はいわゆる陽樹である。陽樹とは、日の当たる所に生える木である。こんもり茂った林の中に生える陰樹ではない。いまこずえに日が当たっていなければ、もしかしたらそこは、一日中日が当たらない場所である可能性もある。もしそうだったら、そこにミカン科の陽樹が生えていることはない。そんな所を飛んでも無駄である。しかし、いま日の当たっている所は、一日のうちで必ず日が当たる所だから、そこに陽樹が生えている可能性は非常に高い。彼らが構築している世界はそのような木のあるところである。彼らはその世界の中を飛ぶのである。

同じことはナミアゲハのメスについてもいえる。

ナミアゲハのメスは、卵を産む。卵を産むべき場所は、ミカン、カラタチ、ユズというミカン科の陽樹の葉っぱである。地上にはいろいろな植物、いろいろな木が生えているから、どこに何が生えているかわからない。チョウの鼻(触角)はそんなに遠くまで利くわけではないので、遠くからミカンやユズの匂いがして、そこに飛んでいくということはできない。彼らはずっと探しまわりながら、近くにきたときにほんのりと香る匂いをかぎ、あっ、ここにユズがありそうだということを察知する以外に方法がないということが、調べていてわかった。

そうすると、メスも同じように、日の当たる木に沿って飛んでいって、たまたま生えていたミカン科の木の匂いを感じると、それにとまり、肢先でそれを確かめて卵を産むのである。だから、彼らにとって意味のある木はそのようなミカン科の木である。草はまったく関係ない。彼らにとって草はあってもなくても関係がない存在なのである。

モンシロチョウの場合

ところがモンシロチョウは、普通、幼虫はキャベツで育つが、本来はナズナ（ペンペン草）やイヌガラシなどのような野生のアブラナ科の草の葉っぱを食べる。したがって、卵を産むときもそういう所に産むし、新しいメスが出てくるのもそういう場所である。草のまったくない道の真ん中とか、グラウンドの真ん中といった所でモンシロチョウが生まれてくることもないし、卵を産む草が生えていることはない。木の上にもそのような草は生えていない。そのためモンシロチョウは草の生えた所を探し回ることになる。風に吹き上げられて木の上にあがってしまったときにも、早く草のある所に戻らなければと下りてくる。

草原は、広く広がっているから、太陽は真上から照っている。今いったようなアブラナ科の植物はみんな日向に生える。日が当たっている所だったらどこでもいい。草原には日向は一面にある。すると、モンシロチョウには決まった道はなく、日向の草地の上をあっちへふらふら、こっちへふらふらと飛んでいる。絶対に木の上には上がらない。日が翳《かげ》ったところにはいかない。そうすると、モンシロチョウの飛ぶ所は決まってくるわけで、彼らにとって大事な世界というのは、そのような日の当たった草原であるということになる。

草原に木が点々と生えているときに、われわれは全体を見ることができるから、そこ全体が環境、つまり木の点々と生えた、草原全体を環境と見る。しかし、チョウにとっては、草原全体がその世界ではない。アゲハチョウにとっては、草原自体はその世界の中には存在しておらず、その草原に生えた、日の当たっている木だけが世界である。モンシロチョウにとっては木は存在していないに等しく、大事なのは日の当たっている草原である。同じひとつの場所を見たときに、人間とモンシロチョウとアゲハチョウとでは、世界はまったく違っている。ひとつの「環境」という言葉でくくってしまってはならないし、それを客観的環境と呼ぶことは彼らにとっては意味がない。

「環世界」という言葉は昔は「環境世界」と訳されていた。これはユクスキュルが客観的な意味での環境というのを否定して、主体の動物が積極的に構築している世界が問題だと言ったことを考えてみたとき、環境世界というこの言葉は、彼の言ったことを否定した訳語になる。それではあまり意味がないと思ったので、ぼくは環世界という言葉を提唱している。

草原の上を飛ぶモンシロチョウのオス。彼らにとって存在するのは、日の当たっている草である。飛びながら彼らはモンシロチョウのメスを探している。

とにかく大切なのはこの環世界であって、一般的な環境が問題なのではない。たとえばわれわれが「良い環境」と言うとき、それは清潔で安全で静かで、適当に木の緑があり、しかし「雑草」は生い茂っていないところを指すことが多い。しかもそこは教育的にも買いものの点でも、また交通の上でも適度に便利な必要がある。それは一般的な自然環境の問題ではなく、勤め人や通学生のいる一般家庭にとっての環世界の問題である。昔よく言われた「孟母三遷の教え」なども、この範疇のことである。

緑の木も毛虫がつかない木のほうがよく、秋の落ち葉に手のかからないことが望まれる。夏にホタルが飛んでくれたら最高だが、カやハチはいてほしくない。人びとが価値を与えるのは、そのように限定されたものに対してである。

そうなるとこのような人間にとって良い環境は、チョウとかトンボとかテントウムシ、小鳥などにとっては、けっして良い環境ではない。このような動物たちにとってこの場所は、自分たちの環世界を構築しえない環境であろう。われわれが何気なく「環境」ということばを口にするとき、そこにはつねにこのような環世界の問題が関わっているのである。

イリュージョンによって構築される世界

自然界は非常にさまざまなものから成り立っている。それをつぶさに調べ上げていくと、どういう草や木があり、その下にどういうコケが生えているか、そこにはどういうバクテリア（細菌）がいるのか、あるいはそこにどういう動物がいて、何を食べていて、その動物が何に寄生しているのかというような、非常に複雑なこともわかってくる。

われわれ人間はそういうものをなるべく全体的に、客観的に捉えたいとしているけれど、動物にしてみると、彼らにとって重要なのは、それぞれの動物がもっている世界（環世界）である。彼らは環世界を構築して、その中で生きているのであって、自分たちの周りにいかにさまざまなものが実在していようとも、自分たちの環世界にないものは、彼らにとっては存在しないに等しい。しかし、もしも人間が見ている、カッコつきの「客観的環境」というものが本当の実態、実際だとすれば、それぞれの動物が見ている世界はみな、客観的な認識ではなくて、イリュージョンによる認識ということになる。

さらにそこに距離の問題が入ってくる。

われわれ人間は何キロメートルも遠くまで見えるので、他の動物たちも同じように遠くまで見て認識しているものと思いがちである。

けれど当然予想されるように、そういうものではない。イヌが「近視」で遠くは見えないことはよく知られている。一方、ネコはかなり遠くまで見えているらしい。大草原にいる大型獣は、はるかに遠くまでよく見えている。

しかしチョウやハエではどうだろうか？

メスや花に飛んでくるチョウの動きをよく観察してみると、彼らはごく短い距離までしか見えていないことがわかる。具体的にいえば、その距離はナミアゲハの場合で、一メートルからせいぜい一・五メートル程度である。ナミアゲハより体の小さいモンシロチョウでは、七五センチメートルほど。もっと小さいシジミチョウなどでは五〇センチメートルに満たない。

これより遠くは彼らには見えていない。漠然と緑の草や木の葉があるということはもっと遠く（ナミアゲハの場合数メートルから一〇メートル以上）からでもわかるらしいのだが、そこにメスとか花とかいう特定できるものを認知することはできない。だからチョウたちは、あのようにランダムにあちらへこちらへと飛びまわっているのである。

第2章で示したユクスキュルの環世界の絵（四四、四五頁）は、この距離の問題を捨象して、何に意味を与えているかのみを描いたものである。

おそらくハエは五〇センチメートル先も見えてはいないだろうから、あの絵の部屋が実際のハエにどのように見えているかはわからないが、ユクスキュルは視覚空間を論じたべつのページで、次のような絵を示している。

それは一軒の家の二階の窓から見た街路の風景である。細かな格子を通して見ると、風景はかなりぼやけて見えるが、ハエから見たときにそれは大幅にぼやけてしまい、カタツムリのような軟体動物から見たときには、明暗のパターンがいくつかあるにすぎないものとして示されている。

もちろんこれは、ハエやカタツムリの視覚の生理学的研究で当時得られていた成果に基づいて、ユクスキュルが構築したイリュージョンである。これがどれくらい妥当なものかはわからない。

ハエのような昆虫の眼は、多数の小さな個眼から成る複眼である。このような複眼でものを見ると、世界はモザイク状に見えるのだとかつてわれわれは教えられた。この説は今では完全に否定され、昆虫はまったくちがったぐあいに世界を認知しているとされている。それは説明に数ページを必要とするのでここでは省略するが、とにかくモザイ

同じ場所の同じ物がどう見えるか（ユクスキュルの本から）

人間が見た街路の風景。

ぼかしたらどうなるかを知るために格子をかけてみた写真。しかし本質的な構図は変化ない。

ハエ（イエバエ）が見ている同じ風景をユクスキュルが想像して描いた絵。

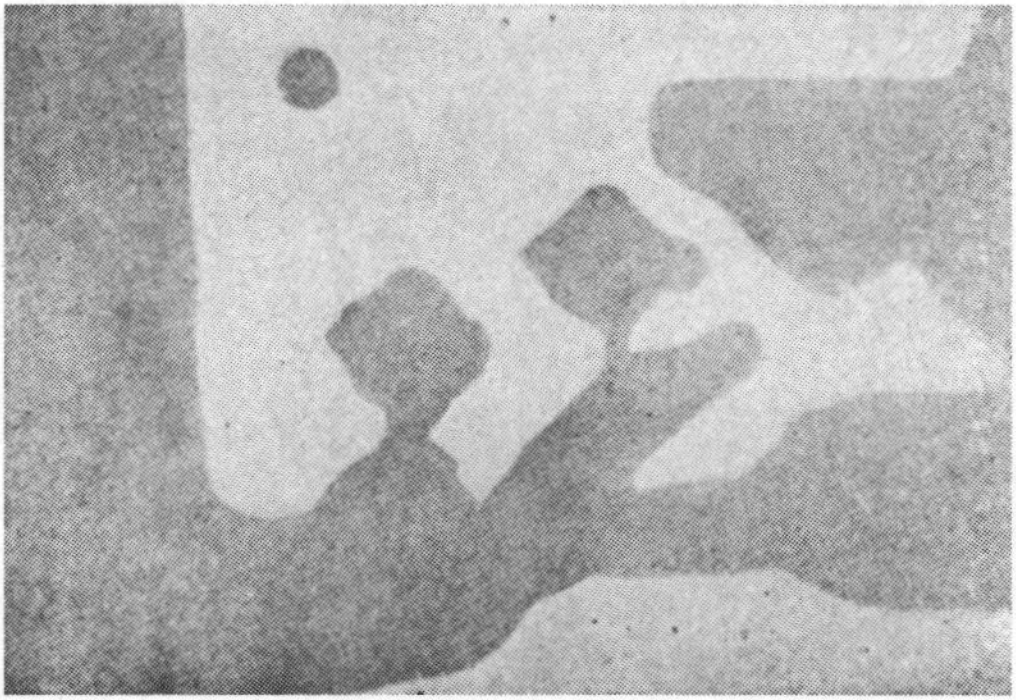

軟体動物（カタツムリ）が見ているとユクスキュルが想像して描いた同じ街路の風景。じつは、ハエやカタツムリにこれほど遠くが見えるかどうかすら疑問である。

ク説もまた研究者の一時のイリュージョンだったわけである。

ユクスキュルがここに示した絵を描いたときは、まだこのモザイク説も提唱されていなかった。だからこの絵はモザイク状にはなっていない。

いずれにせよ、それぞれの動物たちは、イリュージョンによって自分たちの世界を構築し、その中で生きている。そしてその動物たちにとって重要なのは、その動物たちにとっての環世界なのである。

第4章　音と動きがつくる世界

たくさんのハリネズミの死

動物たちがつくっている環世界は、場合によっては、われわれには想像がつかないこともある。ぼくは昔フランスにしばらくいたときに、パリの郊外でハリネズミを一匹飼っていたことがある。ハリネズミという動物はヨーロッパではきわめて普通の野生動物で、ユーラシア大陸の朝鮮まではいるが、残念ながら日本にはいない。体じゅうが針で覆われていて、見たところかわいらしいが、抱いてなでようとすると針がばりばりと痛くて、ネコをなでているような気持ちには絶対になれない。唯一なでられる場所は鼻の上である。そこだけは針がないので、なでることができる。おもしろいことにハリネズミもそこをなでてやると喜ぶ。気持ちがいいらしい。

それはともかく、パリの郊外にいくと、車が通る道で、朝、ハリネズミが何匹もはねられて死んでいる。非常にかわいそうだと思う。なぜこんなことになるのか、ぼくにはよくわからなかった。たぶん、ハリネズミは目が悪くて、遠くが見えないから、道を横切るときに車がきてもわからず、はねられてしまうのだろうと思っていた。しかし、どうもそうではないらしいことが後でわかった。

とにかく、道端をのこのこ歩いていたハリネズミを、パリにいたときのぼくの先生であるルネ・ボードワン先生がうまく捕まえてくれて、持って帰った。そして、先生の家の庭に置いた、少し大きなケージのなかに入れ、ちょっとした巣のようなものをつくってやって、枯葉をまき、しばらく飼っていた。餌には、庭の隅を掘って、ミミズをつかまえて与えた。ミミズはたくさんいるので、ボウルのようなものに入れて、ケージの一隅に置いてやった。

ミミズはにょろにょろ動いているが、ボウルの外には出られない。すると、ミミズの匂いがするのであろう。ハリネズミは巣から出てきて、鼻をひくひくさせながら、ケージの中をあちこち歩き回る。時にはミミズの入ったボウルのすぐ脇までくる。しかし、そのまま通り過ぎてしまう。何度もそれを繰り返す。なぜミミズがいることがわからないのだろう? いや、ミミズがどこかにいるらしいということはわかっているのだが、どこにいるかがわからないらしい。

しばらくじりじりしながら待っていたら、ミミズの一匹がにょろにょろ動いているうちに、ボウルのへりから下の枯葉の上へ落ち、かさかさっと枯葉の音がした。とたんに、ケージの向こう側の隅を歩き回っていたハリネズミが、その枯葉の所にまっしぐらに走ってきて、あっという間にそのミミズを食べてしまった。これはおもしろい。ハリネズミは匂いでもって、ミミズが近くにいるということはわかっているが、どこにいるかはわからない。それを知らせるのは音なのだ。枯葉の本当にわずかなかさかさっという音。その音がすると何かが動いていることがわかるのでそこに走ってくる。こういうふうに彼らは周りの世界を見ているように思えた。

そこで長い棒をもってきて、ハリネズミがいる反対側のケージの隅の枯葉をつついてやった。とたんにハリネズミはそこに走っていって、そのあたりの枯葉を探していた。もちろん、ミミズはいない。そこで、また反対側の枯葉をつついてやる。するとハリネズミは、またそこへ走っていく。要するに、枯葉の音に反応しているのだ。あとで調べてみると、こういう音にはある範囲の超音波が含まれているらしい。その超音波に対して、ハリネズミは非常に敏感である。ハリネズミは匂いで餌があることはわかっていて、その音を探っている。かさっという音がしたら、そこに一目散に走っていく。そして餌を発見する。彼らの世界はこういうものらしい。

ハリネズミは目が悪いので、遠くはほとんど見えない。頼りになるのは音であって、ミミズの姿ではない。匂いは漠然とした世界を作り上げるだけだ。ハリネズミがこういう世界をもっているということが、ぼくは初めてわかった。そして、いろいろ調べていくと、こういう小さな（小さなというのは音が小さいという意味もあるが、ここでは広がりの小さな音という意味である）音は、おそらく超音波を含んだ音で、何か餌になる動物が動いているということを意味するのである。

ハリネズミはこういうもので彼らの環世界を構築していると考えられる。そして、何かもっと、地響きのような、ズズズッという音がしたときには、大きな動物がきたことになるので、ハリネズミはすぐにその場でくるっと丸まってしまう。丸まってしまうと、ハリネズミの体は完全にとげだらけの玉になってしまうので、大きな動物、たとえばオオカミなどがきたとしても、どうにも手が出せない。つまりハリネズミは、目はほとんど見えないのであるが、歩きながら匂いと音で環世界をつくりあげている。匂いがして、小さな超音波の音がしたら、それは餌を意味するので、すぐにそこに走っていく。

しかし、匂いがしないで、なにか地響きのような、にぶい大きな音がしたときには、自分の敵になる大きな動物が近づいていることを意味する。ハリネズミは瞬間的に体を丸めて、身を守ることになる。かつて、オオカミなど、大型動物しかいないときにはそれでよかった。ハリネズミはちゃんと生き延びてきた。しかし、現在のように車というものが走り回っているときには、それではたぶんうまくいかない。匂いとかすかな音を頼りに道路をわたっていくハリネズミが、もっと鈍い音を足元から感じたときには、その場でくるっと丸くなってしまう。まもなくそこに車が走ってきて、ハリネズミをひくか、撥ね飛ばすかする。かつては非常に有効であった彼らの環世界はいまや、非常に危なっかしいものになってしまったのである。

動物にとっての環世界

さきほど述べた小鳥の場合と同じように、生きた獲物を食べている動物たちの環世界の中で、非常に重要なのは生きて動くものの動きである。何が動くかということはそれほど重要ではない。動くということが重要である。そして、動かないものは意味がない。

意味があるのは、その動きである。そういうことから彼らの世界は構築されている。イタチのように、小さな動物を食べて生きる動物でも同じであることを、かつてぼくは経験した。

ケージの中で飼っているイタチの餌として小さなマウスを与える。マウスはちょろちょろっと走りながら、イタチの存在を知る。たぶん匂いがするのであろう。そういう小さな動物たちにとって大事なのは匂いである。匂いによって、危険か、危険でないかという環世界を作っているのではないかと考えられる。そこでマウスは急いで逃げようとする。イタチはそのマウスの動きをきわめて敏感にキャッチする。そして、いきなりそこに走ってくる。走ってきたときにそれを見るのかどうかわからないが、マウスはとたんにそこでフリーズする。つまり、凍りついたように動かなくなるのである。

そのとき、じつにおもしろいことに、イタチにはそのマウスが見えなくなってしまうらしい。そしてマウスの存在もわからなくなるらしい。すぐそこにマウスがじっとちぢこまっているのに、イタチはその辺をうろうろしている。イタチにとって動かなくなったものは存在しないのである。マウスはそこでじっとしながら、イタチの様子をうかがっている。イタチがあきらめて、遠ざかろうとすると、その隙をねらって、マウスは急いで逃げようとする。ところが残念ながら、その動きがイタチの目にはいってしまう。とたんにそのマウスはイタチにとって意味のあるものに変わり、イタチはすぐそこに走っていって、あっというまに、そのマウスに噛みつき食べてしまう。トリの場合も同じように、動かないものは意味がない。動くことにこそ意味があるのである。

このことが今度は、いわゆる保護色をしている昆虫の世界にとって意味をもってくる。保護色をしている虫、たとえばイモムシとか、あるいは、小さな昆虫たちは、非常に動きが鈍い。いきなり動いたりすることは、きわめてまれである。そういうものがじっとしていると、トリはまったく気がつかない。気がつかないというのは正しくないかもしれない。気がつかないのではなくて、そういう動かないものはトリたちの世界に存在していないことになるのである。保護色をした昆虫がじっと動かずにいることは、トリにとって存在しないのと同じだから、トリはそばを通り過ぎてしまう。保護色をした虫はそれで敵を免れる。

たとえば、シャクトリムシは本当に木の枯枝によく似ている。そして木の太い枝にとまって、いかにも枯れ枝のように、ぴんと伸びた姿でまったく動かない。じっとしている。そのとき、このシャクトリムシはトリの世界から完全に脱落している。トリにとって彼らは存在していないのである。それでシャクトリムシは生き長らえる。もし、シャクトリムシがトリがそばにいるときにいそいで逃げようとして動こうものなら、たちまちトリの環世界の中で意味を持ってしまうだろう。

同じように、ものすごい保護色をしたカメレオン。カメレオンは歩くときにじつにゆっくりと歩く。見ていていらいらするくらい一歩ずつ足をだして、のろりのろりと歩いていく。けれど、カメレオン自身は、動くものに意味を持たしているのである。そして、のろりのろりと歩きながら、目の前で急速に動くものを探している。空腹のカメレオンにとって、動くものは獲物という非常に大きな意味を持っている。カメレオンはこの獲物に向かっていきなり長い舌を突き出す。そしてそれを捕まえてしまう。

いずれにしても、意味のあるのは主体である動物の環世界を構築する動きであるとか、あるいは音であるとか、そういうささいなものであって、それがじつは環世界構築の基になっている。そのほかに存在しているもの、われわれが客観的だと思って見ているいろいろなものは、そういう動物にとっては存在していないに等しい。われわれが見ている環境なる世界は、それぞれの動物から見たときにはまったく違う世界として構築されていることになる。だから、彼らの環世界は客観的なものではない。それは主体の動物にとってのみ存在する、主体の動物が構築したきわめて主観的なものである。それは、まったく同じ林の中においても動物によって全部違っている。それは、それぞれの動物が作りだしているある種のイリュージョンの世界であるといってよいだろう。

このような環世界の例は、動物ごとにあげていけばきりがない。植物は神経系をもっていないので、どのような世界を構築しているのかわれわれにはわからない。しかし動物の場合には少なくとも、彼らの行動を見ていれば、その動物がどういう環世界を構築しているかということは想像がつく。その環世界はその動物主体にとって意味のあるものだけで構築されているので、いわゆる客観的な環境から拾い出されたようになっている。われわれが見て客観だと思っている環境とはまったく違った世界である。

親ドリとヒナの関係

たとえばトリのヒナたちと、その親ドリとがいるとする。親ドリは、自分のヒナがなにか危険な状態に陥った時には、すぐにとんでいって助けようとするものである。ところがユクスキュルの本の中の絵にあるように、不思議なこともおこる。

親ドリにとって、もがいているヒナの姿には意味がない。
ヒナとしての意味を持つのは、その鳴き声だけである。

ヒナの脚に紐をつけて、それを小さな杭に縛りつけておく。ヒナが動こうと思っても、動けない。そこでヒナは鳴く。すると、親がとんできて、なんとかして、紐をはずそうとする。うまくいけば紐がはずれて、親はヒナをつれてもっと安全なところに逃げる。

ところが、ユクスキュルのもう一つの絵の中では、縛りつけられたヒナの上には大きなガラス鉢がぴったりかぶせてある。顕微鏡などにほこりがかからぬようかぶせておく釣鐘形のガラス鐘と同じく、ぴったりかぶせておけば、中の匂いも音も外にはもれないようなものである。そのためヒナはさかんに泣き叫んでいるけれど、ガラス鉢の中にいるので、ヒナの姿は見えるけれども、声は外には聞こえない。すると、親はまったく知らん顔をしているのだ。親には、自分のヒナが必死でわめいている姿は見えているはずである。ところが、この親の環世界の中では、わめいているヒナの姿には意味がないのである。意味があるのは、ヒナの声なのだ。そこでヒナの親はさっさといってしまう。

次のような例も報告されている（コンラート・ローレンツ『攻撃』日高敏隆・久保和彦訳、一六四—一六七頁、みすず書房、一九八五年）。これはシチメンチョウの場合であるが、ある研究の目的で、ある研究者がそのトリの耳に手術をして聞こえないようにしてしまった。耳が聞こえなくなっても、繁殖には支障がないようだった。耳の手術をしたあと、そのメスドリの前にシチメンチョウのオスをもってきた。そうしたら、そこでちゃんと求愛行動が成り立って、そのオスとメスは交尾をし、メスはちゃんと受精卵を産んだ。メスはその卵を温めてりっぱに孵《かえ》した。耳が聞こえないということは、この場合なんの問題にもならなかった。

ところが、ヒナが孵りはじめると、その母ドリは、孵ったヒナを次つぎにつつき殺してしまったのである。いったい何事がおこったのかと研究者はいろいろと調べてみた。問題は今述べたのと同じように、ヒナの声が聞こえないことにあった。

親ドリは耳を手術されているので、ヒナの声が聞こえない。ヒナはさかんに餌をねだって鳴いているのであるが、その声が聞こえない。すると、餌をねだる声を出さないヒナは、親ドリにとっては自分の巣に侵入してきた敵ということになってしまうのである。

この親ドリの環世界の中では、声を出さないで動き回る小さなトリというものは自分のヒナであるという意味を持たない。それは何か怪しげな侵入者である。それで、親ドリはそのヒナをつつき殺してしまうのだ。

そこで、この研究者はちゃんと耳の聞こえる親ドリで次のような実験をした。親ドリが卵を産み、その卵が孵った。この親ドリは声が聞こえるから、ちゃんとヒナを育てていた。そういうときには、しばしばそのヒナを狙ってイタチがやってくる。親ドリはすぐにイタチの襲来に気づき、勇気を奮ってイタチに襲いかかり、追い払おうとする。ところがそのときこの研究者は、イタチの腹に小さいスピーカーをつけておいた。そして、そのスピーカーからテープに吹き込んだヒナの鳴き声が聞こえてくるようにしておいた。イタチはヒナの声を出しながら、親ドリの巣の中に入り込んでくる。すると、その親ドリはいちばん恐ろしい敵であるイタチをちゃんと巣の中に招きいれ、あたかもヒナをあたためるように翼を開き、羽の下に這いこませようとしてやったのだそうである。ヒナの鳴き声を出すことによって、このイタチはこの親ドリの環世界の中では恐ろしいイタチではなくて、かわいがって保護してやるべきヒナドリの意味を持ってしまったのである。

動物たちの環世界はイリュージョンが作る

こういうことから見ると、ある動物主体が構築している環世界というものは、「実在」している現実とは非常に違うものであるということになる。われわれはなるべくものを客観的に見ようとするので、今、そこに見えているものが真実かどうか、いちいち問う。しかし、動物たちはそういうことは問わない。ある信号があればそれがどういう意味をもつかは遺伝的に決まっているので、それに従って世界を構築していく。そして、できあがる環世界は現実のものとはまったく違ったものになる。けれど動物たちはその環世界の中で動いていき、現実的にはそれでほとんどうまくいって、餌がとれ、ヒナが育ち、ちゃんと子孫を残していける。彼らはこの何十万年もの間、そうやってずっと生きてきたのである。

いろいろな動物たちの環世界をよくよく探ってみると、そのような具合になっていることがわかる。すると、現実というのはなんであるのか？

ある動物にとっては、その動物が構築した環世界が現実だと思われているはずである。しかし、他の動物、とくにわれわれのような人間から見ると、これはあきらかに現実とは違うものである。そしてそれはある意味でいえば、イリュージョンとしか言えないものである。つまり、現実ではなく、イリュージョンによって、彼らは世界を構築していることになる。だとすれば、われわれから見れば明らかに存在しているものが存在していないことになり、われわれにはキャッチできないようなものがきわめて重要な意味を持つことになる。

たとえば、多くの昆虫は、人間には見えない紫外線が見える。モンシロチョウのオスがメスを探す場合、オスはメスの翅《はね》の裏から反射されている、紫外線と黄色の混ざった色を非常に重要な意味のあるものと認知し、そういう色をもったものはメスであるとして、環世界を構築している（一〇三頁写真参照）。そこでわれわれが、ただの紙切れに紫外線を反射する物質と黄色の絵の具とを混ぜて塗り、それをキャベツ畑の中に置いておけば、そこにオスがどんどん飛んでくるのを見ることができる（次頁写真）。

オスにとってこの紙切れは、本当にメスだと認知されているとしか思えない。オスはその紙切れに飛んできて、あたかも本当のメスに対するのと同じように、なんとか交尾しようとする。もちろん、ただの紙切れであるからそれはできない。しばらく無駄な努力をしたのちに、オスはあきらめる。しかし、隣に同じような紙切れがあると、また、それに飛びつくということをする。

人間の目に紫外線は見えないから、その紙は単にうす黄色い紙である。同じようにうす黄色く塗って、ただし紫外線は反射していない、つまり、紫外線を反射する物質を一緒に塗っていない紙も、われわれ人間から見ればまったく同じようにしか見えない。し

メスを探しているモンシロチョウのオスは、紫外線と黄色を反射する紙切れをモンシロチョウのメスと認知し、そういう紙モデルに飛んできて交尾しようとする。

黒と黄の縞もようの翅をしたナミアゲハのオスも、同じようにモデルにひきつけられるが、このとき彼にとって意味のあるのは、黒と黄の縞もようである。

かし、この紙切れに、モンシロチョウのオスは絶対にやってこない。モンシロチョウにとっては、紫外線を反射しないただのうす黄色の紙は、そこにあるにもかかわらず、存在していないのである。

われわれにとっては、紫外線などというものは、実際に反射されていても見ることはできないので、少なくとも目に見えるという意味では存在していない。しかし、われわれにとっては存在していない紫外線は、モンシロチョウから見たら、非常に重要な環世界の構築物である。さきほどのトリの場合では、声を出してわめいているヒナは重要な環世界の一成分であるけれど、声が聞こえなくて、姿ばかりが見えるヒナは親から見ると存在していないのである。こうなると何が現実だか、非現実だかわからなくなる。存在するものが存在しなくなり、われわれにとって存在しないものが存在する、これはもう現実の問題というよりは、どう考えてもイリュージョンの問題ではないだろうか。

つまり、動物たちの環世界というものは、現実の客観的なものというよりは、イリュージョンが作り上げた世界なのである。そして、動物たちは、ほとんどすべて、このイリュージョンの世界の中で生きており、それによって単に生きるだけでなく、何十万年にもわたって、子孫を残し続けてきたのである。

第5章　人間の古典におけるイリュージョン

古典をどう読むか

人間は数え切れぬほどたくさんの古典を残している。それがどれほど「事実」を記したものであるかが論議されることも少なくない。エジプトやギリシアをはじめとする多くの発掘調査によって、それまでは架空の話であろうと思われていたことが、じつは現実のことを描写したものであるとわかった例もたくさんある。たとえば、聖書にあるノアの洪水の証拠を探ろうとしたりする、聖書の考古学的研究も一時はさかんに行われた。古典に述べられていることは「事実」であると証明するのが正しい古典の読み方だと言われた時期もあったような気がする。

しかし、そういうものなのだろうか？　古典は事実を述べたものなのだろうか？　もしそうでなければ古典には価値がないのだろうか？

ぼくが所長をつとめている総合地球環境学研究所には、いろいろな研究プロジェクトがあるが、その中のいくつかは歴史的な問題にも関わるので、古典の研究者も加わっている。そのようなことから、「古典学の再構築」という文部科学省の科学研究費による研究グループに加わることになった。そのおかげでぼくは、いくつかの古典を読んでみる機会に恵まれた。たとえば、大変有名な『万葉集』である。

八世紀の中ほどに成立したといわれる『万葉集』には、約四五〇〇首の歌が採録されている。その中には、非常にたくさんの動物と植物の名前があがっている。ことばとして区別されている動物だけで、合計一〇〇に近い名前が出てくる。哺乳類としては、イサナ（クジラ）、イヌ、ウサギ、ウシ、ウマ、キツネ、サル、シカ、シシ（シカやイノシシの総称）、トラ、ムササビ。トリとしては、ウグイス、カモメ、カラス、ガン、などをはじめとして、なんと五一種類のトリが五八六首の歌に登場する。そのほか、わずかながら爬虫類、両生類、魚類、昆虫類、カイ、クモも現れる。

これら多数の動物の歌から、万葉時代の動物のことがわかるのではないか。

『万葉集』には植物の歌もたくさんあるから、この両者を併せて考察したら、当時の自然環境、生態系といったものを知ることができるのではないか。そのような気がしてくる。

けれど実際に歌を読んでみると、事態はまったく違うことがわかる。たとえば、哺乳類のひとつとして、イサナすなわちクジラが出てくる。しかし、このイサナが登場する歌を順番に見ていくと、クジラの現実の姿をあらわしたものはひとつもない。狩る様子を述べた歌もない。全部で一二回現れるイサナという言葉は、すべて、イサナとり（クジラ取り）という言葉として現れている。これまでに詳しく行われている万葉集の研究でよくわかっているとおり、このイサナとりという言葉は、「海」の枕詞になっていて、「いさな」ということばが単独で現れることはないのである。

結局、万葉集のなかのイサナとは、生きた現実のクジラのことをいっているのではなく、クジラという巨大な生き物が存在している、広いおそろしい海という、当時の人びとが何らかの知識として話に聞いていて、そこから構築した世界のことを表現しているに過ぎない。これはある種のイリュージョンである。同じようなことが、他の動物にも言える。

トリで、いちばん多く登場するのはホトトギスで、次いでウグイスである。ちなみに、ウグイスは五一首、一方、ホトトギスは、なんと、一五五首の歌に出てくるのである。

ウグイスとホトトギスとどちらのほうがより身近であったろうかと考えてみると、人里にいるウグイスのほうがおそらく人びとにはより近い存在であっただろう。ホトトギスの姿を見るのは難しいが、ウグイスは人の目に触れることが多かったろう。けれど詠まれているのはホトトギスが格段に多いのである。それでは当時の人びとは、今とちがってホトトギスのことをよく知っていたのであろうか？

けれどそれぞれの歌にあたってみると、ホトトギスのことを本当に知っていたのかどうかわからない歌が多いのである。

たとえば、一一二番の歌、

古《いにしえ》に恋ふらむ鳥は霍公鳥《ほととぎす》けだしや鳴きしわが念《も》へる如《ごと》

（ホトトギスは懐旧のトリといわれるから、私が思っているように古きを恋うて鳴いているのだろう。）

この時代の人びとにとって、ホトトギスというトリは古きを懐かしんで鳴くことになっていた。そのようなイリュージョンが共有されているので、古きを懐かしむようなときには、……はホトトギス、と表現すれば、みんなでその感情を共有できる。だからこの歌にホトトギスが登場するわけであって、現実のホトトギスの声が聞こえていたかどうかはわからない。むしろ、ホトトギスはイリュージョンの中の存在だったのである。

『万葉集』にも聖書にもチョウはいない

当時の自然界の中にたくさんいて人目にふれやすかった動物が『万葉集』に現れているわけではない。たとえば、『万葉集』の歌の中にはチョウはまったく出てこない。出てくるのは、歌の説明の中に二度だけである。そしてその説明の文章は、中国の古典の引用である。それでは、日本には万葉の時代にチョウはいなかったのであろうか。そのようなことは到底考えられない。万葉の時代には、たくさんのいろいろなチョウがひらひらと飛んでいたに違いない。しかし、チョウは歌のなかには出てこない。これは万葉の人びとの世界の中に、チョウは存在していなかったからではないか。

同じようなことが、西洋のバイブル（聖書）にもある。バイブルはいつ成立したかわからないが、新約、旧約をとおして、チョウは一回も出てこない。あの時代、チョウがいなかったとは考えられない。しかし、チョウは、バイブルには登場してこない。

日本の『万葉集』にもチョウは出てこない。なぜなのであろうか。『万葉集』あるいはバイブルの成立に関わった人びとの世界の中にチョウがいなかったとしか考えられない。現実には存在しているのに、何らかの理由ないし論理によって、それに意味を与えることがなかったので、チョウそのものは存在しないことになった。これは明らかにイリュージョンである。

『万葉集』より時代の古い『古事記』にも、チョウの記述は見当らない。しかし『古事記』には、トンボはたくさん出てくる。「あきづ」という名前でである。雄略天皇の腕にアブがとまって血を吸おうとしたとき、トンボがやってきて、アブを食ってしまった。天皇は、トンボはすばらしいとほめ、日本をあきづしまと名づけたと、詳しい記述がある。

しかし『万葉集』の世界になると、トンボはまったく登場しなくなる。トンボを意味するはずの「あきづ」ということばは二回しか登場せず、しかもあきづ島、あきづ野という地名で出てくるだけである。生きていてアブを捕まえて食べるトンボとしては登場しない。しかし万葉の時代にもトンボは当然存在していたはずである。

チョウとの関係で述べておくが、旧約聖書研究者の池田裕氏によると、『旧約聖書』にもトンボは出てこないそうである。そもそもトンボのヘブライ語名ができたのは、へブライ語が現代語として復活してからのことで、まだ一世紀も経っていないとのことである。トンボの命名を託されたのはヘブライ語学者たちで、彼らはそのとき初めてトンボという昆虫をまじまじと観察したらしい。その姿が美しく愛らしかったので、命名委員たちはトンボをヘブライ語でシャピリート（美しい乙女）と呼ぶことにしたと池田氏は雑誌『図書』（岩波書店、二〇〇一年一〇月号）に書いている。だとすると、それまでヘブライ語の世界にはトンボは存在していなかったことになる。もちろん、現実にトンボはたくさんいた。

『古今集』、『新古今集』になると、チョウもガも出てくる。しかし『万葉集』には現れていない。それは『万葉集』という古典が、当時の自然のウムゲーブング（環境）を詠ったものではなく、万葉の人びとが彼らのイリュージョンに基づいて構築していた世界を詠ったものだからである（日高敏隆・森治子「万葉時代の人と動物」中西進編『万葉古代学』大和書房、二〇〇三年）。そしてこのことは『万葉集』や『古事記』や『古今集』、『新古今集』ばかりでなく、古典といわれるものすべてに言えることである。

想像上の動物

『万葉集』にくらべればそれほど古いとはいえないが、イギリスには、古代英語で書かれた「ベーオウルフ（Beowulf）」という古典がある。Beowulf（私はオオカミ）という勇士がいたそうで、その勇士がグレンデル（grendel）という怪物を退治する話である。グレンデルはイギリスの冷たい沼にすんでいる。それがしばしば沼から出てきて、人びとを襲ったりする。それをベーオウルフが退治するのである。グレンデルという怪物がどういう動物であるか、文章から察してみると、どうやらワニのような動物であるらしい。しかし、イギリスにはワニはいないので、人びとがワニを知っているはずはない。きっと、エジプトあたりの話が伝わってきて、想像がそれをふくらませ、イリュージョンとしての怪物の姿、形ができあがっていったのであろう。だれかがグレンデルの姿を絵に描いたら、別の人が「ちがう。グレンデルはそんな形ではない」と言って理由を述べ、絵を改めさせたかもしれない。イリュージョンにはそれなりの根拠や理論づけがあるからである。

このようにして怪物グレンデルは古典「ベーオウルフ」の時代のイギリスに住みつく

ことになった。

現実の動物からどんどん姿、形を変えて、伝わっていくという例はいろいろある。ロシアの伝承の中にある火の鳥は、もとはクジャクであろうが、姿を変えていって、形も色も変わってしまう。日本ではカッパが有名である。

カッパというのは、もとはサルといわれている。それがなにに由来しているかわからない。柳田国男もいろいろ調べているが、結論は出ていない。実際は存在していないものも、人びとの環世界の中には存在するように語られる。

古典に登場する「仮空の」動物は、その時代の人びとがどのような世界をもっていたかをしめすものであり、荒唐無稽なものではない。それはひとつのイリュージョンであって、それぞれちゃんとした理屈づけをもっている。ギリシアの古典にもそのような動物はたくさんいるし、さらに時代を遡ってエジプトにも「想像上の」動物がいろいろいた。スフィンクスのように人間と動物を組み合わせたものも少なくない。それらはいずれも実在しないものであったけれど、その姿には何らかの形の論理的根拠はあった。もともとの動物からは姿、形を変えており、時代の人びとのイマジネーションであると言われているが、そう簡単にイマジネーションと片づけてはしまえない。

たとえばペガサスという動物はウマに翼がついている。走るためには脚が、飛ぶためには翼が必要であるという論理がその裏にある。そこで現実のウマの脚と現実のハクチョウの翼を借りたのであろう。

航空力学的に考えても、実際にこんな動物が空を飛べたとは思えない。しかしその時代の人びとの世界の中では、ペガサスは実際に空を飛んでいたのだろう。その思いだけはわれわれにも通じるので、しばらく前まで、フランスのエールフランス航空のシンボルはペガサスであった。

イリュージョンを裏づける論理

いずれにせよ、古典に述べられていることや、昔の想像上の動植物や人間などは、いずれもイリュージョンの上に成り立ったものである。そこには現実に裏づけられた部分もあるかもしれないが、基本的にはイリュージョンによって構築されたものだ。

古典ないし古典的なものに事実を求めることは絶えず試みられるべきではあるが、たとえそれが事実ではなかったとしても、あるいは事実に反することであったとしても、それによって古典的なものの価値が低められることはまったくない。

それは古典ないし昔の想像の産物が、単なるイマジネーションによるものではなく、一定の論理に裏づけられたイリュージョンによって構築されたものだからである。『万葉集』に出てくるホトトギスを、その歌の詠み人が現実のものとして見ていたか、声を聞いていたか、それははなはだ疑わしい。けれどその人の知識なり論理の中では、ホトトギスは古きを懐かしむトリとして明確に位置づけられ、その上に展開される論理の中できわめて現実味を帯びたものとして存在していたのである。

そういう意味では、ギリシア神話のレダは、ハクチョウの姿をしたゼウスとほんとうに交わったのかもしれない。レダのこの話を象徴する絵や像が今でも作られ、人びとがそれを一笑に付することなく買い求めていくのは、このイリュージョンが現代の人びとにも共有されていることを示している。

しかしそのイリュージョンは、すでに古く何千年か前の人間によって抱かれたものであった。ぼくはここに古典というものの価値があると思っている。

岸田秀氏の「唯幻論」によれば、人間はいかなる幻想でも持つことができるという。単に持つだけでなく、それを現実のものとして心に抱けるものらしい。

その時代の人びとが抱いたイリュージョン

そのように考えると、人間はこれまでにどれほど多様なイリュージョンを展開してきたことか？　そして今後、未来においていかなるイリュージョンを論理的に創りだしていくことか？

われわれはその多様な例を古典の中で知っている。ぼくは残念ながら古典にはおよそ詳しくないが、話に聞いたり拾い読みしただけでも、その多彩、多様なことに驚くばかりである。

その中には第10章で述べる輪廻イリュージョンのように、大昔から存在し、現代も生きつづけているというばかりでなく、リチャード・ドーキンス（Richard Dawkins）のミーム説に述べられるような形でなお健在なものも少なくない。

異様と見える古典の中のイリュージョンの中にも、いずれ未来において主流となるかもしれないものもあろう。

仮にイマジネーションとは非論理的なものだとすれば（W. Van der Kloot「生理学における論理的手段」日高敏隆訳、『科学』第三七巻一号三五―三九頁、岩波書店、一九六七年）、イリュージョンとは論理的なものである。

その論理がいかに奇妙なものであるにせよ、イリュージョンは何らかの形での論理によって裏づけられている。それはある場合には科学的論理によることさえある。したがって、きわめて科学的なイリュージョンというものも珍しくない。

いずれにせよそのようなわけで、イリュージョンを打ち壊すことはきわめて困難である。現在の国際関係において、異なる国々の間でのイリュージョンのくいちがいが簡単には解消しない状況を見れば、このことは容易に理解されよう。

今後も人間は、このようなことを続けていくのだろう。どのようなイリュージョンが生まれてくるのか、それはよくわからない。

しかしそのときに、古典の研究が大きな力となってくれるかもしれない。古典にはじつにさまざまなイリュージョンが述べられている。その中には人間が未来において抱くイリュージョンと本質的に同じものもあるかもしれない。もしそうであるとすれば、古典の研究は昔の人びとの錯覚を知るなどということではなくて、未来の人間が持つかもしれないイリュージョンの本質を先取りすることになるかもしれないのだ。

要するに古典というものは、その当時の人びとがその時どきのイリュージョンによって構築していた環世界を示すものだということである。

それは現実のものの「客観的な」描写ではなく、そこから何らかの形で抽出されたものでできあがっている。五〇〇〇年にわたるエジプトの歴史の中に残されてきた遺物や建造物の移り変わりを見ればわかるように、同じエジプトの地において、地質学的に見れば一瞬としかいえないような短い期間の間に、イリュージョンはさまざまに変わっていっている。それは古典という文字に示されたものではないけれども、その時どきの人びとがどのようなイリュージョンを持ち、それに基づいてどのような世界を構築していたかを示すものである。

人間以外の動物が作り上げている環世界は、遺伝的な知覚の仕組みがもとになってできた世界である。これもまた現実のものではないイリュージョンである。現実のものから抽出されたものが組み合わさってできたものであり、それが意味をもつようになっている。動物たちはその世界を現実のものと「信じ」、その中でちゃんと生き、子孫を残してきた。

その意味では人間においても本質的には異なっていない。

人間が他の動物と異なるのは、そのイリュージョンが論理の展開によって変化しうることである。では人間以外の動物において、そのようなイリュージョンの転換はありえないのであろうか？

第6章　状況によるイリュージョンのちがい

性的に動機づけられたチョウの行動

動物はそれぞれの持つ知覚の枠に基づくイリュージョンによって環世界を構築している。彼らの世界はきわめて限られたものではあるけれども、それはいつも同じであるわけではない。その動物の状況によってイリュージョンが変わっていくからである。

たとえば、七月初めの夏の朝、九時〜一〇時頃、まだ日が天頂から照っていない時間に、オスのモンシロチョウが、ひらひら飛んでいる。そのオスたちは、メスを探している。その状況を「性的に動機づけられた」というが、性的に動機づけられたオスたちは、メスを見つけて、交尾し、子孫を残すことを望んでいる。

チョウの中にはメスがよく通りそうな場所になわばりを張って、やってくるメスをつかまえる種類もあるが、いちばん多いのはオスがあちこち飛びまわってメスを探すタイプである。モンシロチョウもこのタイプに属している。

あちこち飛びまわってといっても、オスはどんなところでもやたらに飛ぶわけではない。前に述べたように（第3章、第4章参照）、メスのいる可能性の高そうな場所をえらんで飛ぶ。とくにオスは、サナギから羽化して翅を伸ばしたばかりの新しいメスのいそうな場所をえらぼうとする。それはモンシロチョウの場合には、幼虫が育つアブラナ科植物の生えていそうな場所である。こういう植物の葉を食べて育ち上った幼虫は、その近くでサナギになるから、新しいメスが見つかる可能性が高い。とくにキャベツ畑ではたくさんのモンシロチョウが育つから、性的に動機づけられたモンシロチョウのオスはキャベツ畑に集まってくる。

一般にチョウは、翅《はね》の色で相手の存在を認知する。オスは特定の色に敏感に反応するようにできている。これは学習によるのではなく生得的、つまり遺伝的にそのようにプログラムされている性質である。オス、メスを区別せず、自分と同じ種のチョウだと思ったらとにかく近寄り、とびついて触角や肢先で翅の匂いをかぎ、メスと確認できたら交尾行動に移る種類もあるが、モンシロチョウははじめから特定の色をメスの信号と認知して、それにとびつく。したがって、同じモンシロチョウであってもオスはほとんど無視される。

メスを探して飛びまわっているモンシロチョウのオスは、そういう色をしたものを探している。前にも述べたとおり、この色とは黄色と紫外線の反射がまじった色である。この色は翅を閉じてキャベツの葉にとまっているメスの翅の裏の色である。オスはこの色を目印にして、キャベツ畑の葉裏のサナギから出てきて、じっととまっている新しいメスを探す。このようなメスはまだどのオスとも交尾していないので、そのようなメスと交尾すれば、オスは本当に自分の遺伝子を持った子孫を残すことができる。

チョウに限らず多くの動物のメスは、受精を確実にするために、また栄養としての精液をなるべく多く獲得するために、多くのオスと何回でも交尾する。いわゆる多回交尾である。そのため、すでにチョウになってから数日がたち、そこらを飛びまわっているメスと交尾しても、そのメスはすでに、他のオスの精子をうけいれているから、そのあとにオスが交尾しても、自分の子孫ばかりを産むとは限らない。だからオスは、チョウになったばかりの新しいメスを探そうとするのである。

モンシロチョウ。左がメス。右がオス。それぞれの写真の上段は翅の表、下段は裏。太陽光の下で人間が見ると、メス、オスはあまりちがわない（写真上)。翅の裏はとくによく似ている。けれど、紫外線の反射を写真に撮ると、オスの表はほとんど黒くうつる（写真下)。紫外線を反射していないのである。オス・メスとも黄色っぽい翅の裏も紫外線の反射はそうとうに違う。紫外線が見えるモンシロチョウにとって、これは決定的な色調のちがいになり、オスはそれによって、モンシロチョウのメスを認知しているのだ。

意味をもつ存在の変化

そういうオスはメスを探しているので、花の蜜を吸おうとすることはない。実際は、この時期のキャベツ畑には、いろいろな草が生えてきていて、花を咲かせている。けれどオスは、草の花などにはふりむきもせず、ひたすら、メスの可能性の高い色のものを探し求める。こういうオスにとっては、キャベツ畑には、メスのモンシロチョウ以外存在するものはないので、すぐにオスは交尾しようとする。夏の朝のこの時間、オスたちは、花には目もくれず、ひたすらメスを探して飛んでまわる。そして、この交尾の時間帯が終わると、たいていのオスとメスは交尾をすませ、自分の子孫を残し得る状態になっている。

すると、オスたちは空腹を覚えるのであろう。こんどは、花の蜜を求めるようになる。そこで、オスのチョウたちは、その辺の花を探して飛んでまわり、そこにとまって、蜜を吸う。われわれから見れば、花は前からそこに咲いていた。しかし、メスを探している間、オスは花の存在に気づかないような飛び方をしている。性的に動機づけられたオスたちの世界には花は存在していなかったのである。そして、その時間が終わると、オ

大小さまざまな花の咲き乱れた草原にミツバチがいる。ミツバチはこれらの花のディテールを見ているわけではない。ミツバチが意味のあるものとして構築している環世界は、下の図のようなものだと考えられる。開いていて蜜が吸える花は円形か星形に、まだつぼみの状態のものは×で示してある。(ユクスキュル)

スたちは、摂食に動機づけられた状態になる。

このようなオスにとって、彼らの世界を構築する重要な要素は、こんどは花である。花は、紫外線と黄色の混ざった色ではない、青、紫、黄などさまざまな色をしている。そのような色と形が重要なものとなって、それが世界を構築することになる（前頁図）。

花はいうまでもなく、朝早くから存在し、咲いていたのに、性的に動機づけられたオスの世界の中には存在していなかった。そして午後になると、忽然《こつぜん》として、彼らの世界に出現してくる。もはやメスは、ほとんど意味をもつ存在ではない。

メスのモンシロチョウも、交尾の時間帯においては、近寄ってくるオスが世界の重要な要素である。その時にはメスもまた、食物をとらない。したがって、その時間帯においで、メスの世界にも花は存在しない。しかし、午後になると、メスも花をもとめて飛びまわる。忽然と花が現れてくる。しかしその花は、もともと存在していたものである。

同じ、キャベツ畑とその周辺の中で、世界はまったく変わってしまうのである。このようなことは、非常に多くの昆虫において、はっきり見ることができる。

カブトムシのオスとメス

カブトムシはオスもメスも、クヌギなどの木からにじみでる樹液のところにやってくる。その樹液が食物だからである。空腹のカブトムシたちはオスもメスも、林の比較的高いところを飛びながら、発酵した樹液の匂いを求めて飛んでまわる。発酵した樹液は、甘酸っぱくて、アルコール分が混ざった匂いがする。食物をもとめて林の中を飛ぶカブトムシの世界の中では、この匂いがきわめて重要である。その匂いがすると、カブトムシは木の幹にとまる。何の木の幹でもよいのではない。樹液の匂いのするコナラ、クヌギの木の枝や幹である。そこにとまるとカブトムシたちはその上を歩いて匂いのもとをたどり、樹液で湿った場所を見つけると、そこをなめ始める。

しかし、彼らにとって重要なものは、コナラやクヌギの幹そのものではない。それは、そこが樹液が出る可能性があるからであって、コナラやクヌギの幹そのものが重要な意味を持つものではない。樹液の出ていない木の肌は何の意味もない。重要なのは樹液の匂いである。樹液によく似た匂いの液体をつくり、それをなにか棒のうえに塗っておけば、カブトムシはやってきてなめ始める。

動物においても、人間においても、世界というのは、意味の世界なのである。樹液をなめているオスのカブトムシは、近くにメスのカブトムシの匂いがするとたちまちそれに近づいて、交尾しようとする。樹液の匂いは食物の信号であったが、メスの匂いは性行動のための信号なのだ。そのとき、ほかにオスのカブトムシがいる場合には、それをその黒い色と匂いで認知し、闘って追い払い、メスを独占しようとする。

何匹かのオスと交尾を終えたメスは、一週間もすると産卵に動機づけられた状況になる。そうなったメスは、樹液をなめるのをやめ、飛び立つ。そして、林の中を低く飛びながら、卵を産む場所を探す。カブトムシは、落ち葉が窪地にたまってできた、半腐葉土のようなところに産卵する。それはカブトムシの幼虫が、地上に積もって発酵しはじめた半腐葉土を食べて育つからである。メスはそのような場所を探して飛んでまわる。

その時のメスたちにとって、存在するものは、もはや樹液ではなく、腐葉土である。その腐葉土をメスたちは匂いで探し求める。つまり、発酵している落ち葉の匂いが意味を持つのである。この匂いは樹液の匂いとはまったく違う。産卵する状態にあるメスは、食物を探すときとはまったく違う匂いを世界の重要な要素として認知しているのである。卵を産まないオスにとっては、腐葉土はまったく存在しないに等しい。自分が幼虫であったとき、それは自分の食物としてきわめて重要な意味を持っていた。その時期には、他に意味を持つものは彼らの世界の中になかった。しかし成虫のオスカブトムシになってしまうと、腐葉土にはもはや何の意味もない。カブトムシはモンシロチョウと違って、腐葉土の中のサナギから出てきたばかりのメスを求めることはなく、オスがメスを待つのは樹液のある餌場であるからである。

つまり、同じカブトムシでも、オスとメスは時期によって、まったく違うイリュージョンの中で生きることになるのである。オスは、食物である樹液と子孫を残すためのメスの匂いと姿、メスは、食物である樹液と産卵のための腐葉土の匂いという、まったく違うものに意味を見出す。同じ種の動物においても、オス、メスによって、また、その時の状況によって、世界はさまざまに異なるのである。

人間についても、同じようなことがあるのは当然である。早い話がオスとメス、つまり男と女によって世界は相当に異なる。しかも年齢によっても異なるし、状態によっても異なる。

たとえば、女性では妊娠しているときは、妊婦がよく目にはいるので、実際より妊婦の数が多く思える。子どもが生まれると、同じくらいの赤ちゃんを抱いた女性がすぐ目に入りやすくなる。子どもが大きくなってしまうと、もっと大きな子どもを連れた人がすぐ目に入る。けれど、こういうことはその夫にも起こるようである。要するに、それは、主体が何に関心をもっているかという問題である。その点では、人間以外の動物の場合と変わるところはない。

このようなことは、それぞれの動物において、遺伝的にプログラムされていて、多くの場合かなり厳然と決まっている。問題は人間では遺伝的プログラムの具体化にあたって、知覚の枠を超えて論理を展開し、それによってイリュージョンをつくりあげていくことができるので、時代や文化によってもイリュージョンが変わりうるということである（日高敏隆『プログラムとしての老い』講談社、一九九七年）。

第7章　科学に裏づけられたイリュージョン

ファーブルの発見

イリュージョンというと科学的根拠のないものだと思うのが普通である。科学は真理を探究するが、イリュージョンは単なる想像だとみな考えている。けれど、前にも述べたとおり、イリュージョンにはそれなりの論理的根拠が必ずある。科学もまた論理的根拠を持ったものとして構築されている。その結果、科学がイリュージョンをつくりあげていくということが起こる。

そのひとつの例として、ぼくが経験したことを述べてみたい。それは、いわゆる昆虫の性フェロモンについての場合である。

昆虫のメスがある匂いを発してオスを遠くから誘引するということは、すでに一〇〇年前、ジャン・アンリ・ファーブル（Jean-Henri Fabre）が発見し、それを『昆虫記』の中で述べている。

彼はある時、自分の家から数キロメートル離れたヴァントゥー山に行って、そこで、オオクジャクガという大きなヤママユガのメスを捕まえた。それを持ってファーブルは自分の家に帰ってきた。そして、そのメスのガを金網の籠にいれておいた。翌朝、彼は、そのガのオスが何匹もその網籠を置いた実験室の中にいるのを見つけたのである。

このガは数キロ離れたその山にしかいない。近くの平地でこのガを見たことは一度もない。そのためファーブルは、このメスが、オスたちを遠くの山から引き寄せたのだと考えるほかなかった。

そこでファーブルは、このメスのガを網籠から取り出し、大きなガラス鐘の中に入れた。机の上にぴったりかぶせておけば、中の匂いは外にはもれない。けれど無色透明のガラスだから、メスのガはガラス鐘の外からよく見えた。

その翌朝ファーブルは、ガラス鐘を置いた部屋ではなく、前の日にメスを入れてあった網籠を置いた部屋にたくさんのオスが集まっているのを見つけた。そしてオスのガたちは、今は何も入っていない網籠のまわりにとまっていたのである。

そのことから彼は考えた。このガのメスは、何か匂いを放ち、それがオスをひきつけたのにちがいないと。

この話は昆虫好きな人たちの関心を大いにひいた。ガのメスが何か摩訶不思議な匂いを発して、遠くからオスを呼び寄せる。じつに興味深い話ではないか！　多くの似たような事例が人びとの話題に上ったようである。

昆虫の性フェロモン研究

それからかなりたって、人びとはこの匂いの研究をしようと思った。第二次世界大戦中のドイツ、性ホルモンの研究でノーベル化学賞を受けた有機化学者のアドルフ・ブーテナント（Adolf Johann Butenandt）たちは、カイコガのメスからこの物質を取り出そうと試み、南ヨーロッパや日本から大量にカイコのサナギを集めた。そして最終的に抽出されたわずかの物質こそ、オスを遠くから誘引する物質であると考えた。

その物質は、わずか一〇のマイナス一四乗グラム（〇・〇〇〇〇〇〇〇〇〇〇〇〇〇一グラム！）でカイコガのオスを興奮させ、ガラス棒の先にそれをつけて嗅がせると、オスのガは翅《はね》をばたばたさせた。

これは、いままで知られた生物の生理活性物質の中でもっとも強力なものである、とブーテナントたちは考えた。ごく微量で効くと言われるビタミンやホルモンだってこの比ではない。この物質を構造決定して、合成し、それでトラップを作れば、皆殺し農薬ではなく、特定の害虫のオスだけを集めて殺すことができると彼らは自信満々で発表した。

この研究に刺激されて、このような性誘引物質の研究が世界的にさかんになった。昆虫の体内で作られて、体の外に放出され、同じ種の他の個体に働く物質は、ホルモン(hormone)にならって、フェロモン(pheromone)と呼ばれるようになった。フェロモン、とくに、性フェロモンの抽出・構造決定は、多くの国々で猛烈な勢いで行われ、いろいろな害虫について、それがどのような物質であるか、次つぎにわかっていった。昆虫の性フェロモン研究は当時の花形となり、学会でも会場は超満員の聴衆であふれ、多数の論文が科学雑誌に発表された。

化学構造がわかってみると、この魔術的なフェロモンは、比較的簡単な物質であった。炭素数が一〇から二〇の単純な炭化水素で、分子の形もきわめて単純であった。その理由もすぐに推定された。炭素数が多すぎたら、分子が重くなって遠くまで流れない。軽すぎたらたちまち四散してオスを誘導する効果がない。分子構造が複雑だったら体内で作るのが大変だ、等々、誰もがこの理屈に納得した。

そのような物質がどれほど強力であるかを知るために、その物質を合成してトラップにつけ、オスにマークをして、いろいろな距離から放すという実験が行われた。

その結果は驚くべきものであった。数キロメートル、ときには十数キロメートルも遠くで放されたオスが、フェロモン源に飛んできた。最初のファーブルの研究の時も、数キロ離れた山からオスがやってきたとされているので、このことはもっともだと思われた。

それほどの遠くにおいてフェロモン分子は空気中にどれくらい存在しているのであろうか。いろいろ計算してみると、空気一ミリリットル中に一分子という想定が出た。われわれ人間の鼻の嗅覚細胞は、ひとつの細胞に数百分子の匂い物質が飛び込まないと感じることはできないといわれている。昆虫の鼻にあたる触角の嗅覚細胞は、たった一分子でも感じるのであろうか。

そこで、それを確かめる実験が行われた。この実験はなかなか難しかった。昆虫に一分子だけフェロモン物質を与えることはできないからである。科学者たちは知恵を競い合った。そして結局、きわめて薄く作ったフェロモン溶液を蒸発させて昆虫の感覚細胞の反応を調べ、難しい計算をしてみたのである。その結果、昆虫の触角の感覚細胞は一分子のフェロモン物質に反応するという結論が出た。実験の方法と計算の根拠も、科学者たちを納得させるものであった。

これで、性フェロモンが驚くべく強力な生理活性物質であるということは科学的に確証されたことになった。

この性フェロモン物質を感知したオスが空気の流れに逆らって、どのようにしてメスのほうへ導かれていくかも論議され、いろいろな着想に立った実験が行われた。こうしてオスがどうやって何キロも遠くの風上にいるメスのところまで誘引されるかも説明され、性フェロモンを利用した害虫防除の時代が到来した。

アメリカシロヒトリでの実験

けれど、本当にそのようになっているのであろうか。ぼくは当時の結論に非常に疑問を持った。何キロメートルも遠くの風下にいるオスを誘引するのであれば近くにいるオスはどうするのだろうか？　昆虫がそれほど敏感に性フェロモン物質に感ずるとすれば、オスはどこにメスがいるか、わからなくなってしまうのではないか？

実際にアメリカシロヒトリというサクラを害するガのオスでいろいろ観察していると、腑に落ちないことがたくさんあった。まず、性フェロモンを出していることが明らかであるメスに向かって、オスが遠くの風下側から誘引されるように飛んでくるということがほとんどない。メスから三、四メートル離れたところでは、オスはメスの居場所にも風の向きにも関係なく、勝手気ままに飛びまわっているのである。そしてたまたまメスが近くにいても、もしそのメスが葉っぱの陰にいて飛んでいるオスから見えなかったりすると、オスは何秒もしないうちにさっと飛び去ってしまうのだ。

そこでぼくは、きわめて原始的な観察をしてみた。フェロモンを出しているメスを網袋にいれ、外からメスの姿が見えないようにして、その網袋を大学の建物の壁一面に張った巨大な真っ黒い布の中央あたりにとりつけておく。そして黒い布の上を飛ぶオスのガの飛跡を記録していった。

するとおもしろいことがわかった。オスはメスの入った袋の風下側ほぼ二メートル以内のところをたまたま飛んだときにだけ、飛ぶ方向を変えて、メスの方に近づいてくるのである。それより遠くを飛んだオスのガは、まったく違うところに飛んでいってしま

真夏の夜、サクラの梢の葉の裏にひっそりとまって夜明けを待っているアメリカシロヒトリ。朝4時ごろ、暁の光がほんのりさしてくると、メスは翅を立てて性フェロモンの放出を始め、オスは飛びまわりだす。

う。つまり、オスは何キロメートルも遠くから、メスのフェロモンに引き寄せられるわけではなく、メスのごく近傍、それも二メートル以内、というところにくるまではまったくランダムに飛び回っているのであって、たまたまその近傍に飛び込んだときに、メスに飛びつくだけなのである。だから、オスにマークをして遠くから放せば、遠くのオスもそのメスのところにくることがある、というだけの話なのだ。

しかもぼくはずっと後になって、オスを遠くから放す実験では、そのガが自然状態では一匹もいない季節に、人工的に飼育して親にしたガを放したということを聞いた。もしこれが本当なら、オスはまわりに天然のメスがいないのだから、延々とランダムに飛び続けて、結局トラップの中のメスという性フェロモン源にやってくることにもなるだろう。実験自体は科学的かもしれないが、それはあるイリュージョンに基づいたものだったのである。

さらにその後、性フェロモンは「ここにメスがいるぞ」ということを示すことはない、フェロモンはただ「このあたりにメスがいるぞ」といっているのに過ぎないということを、あるアメリカの友人が言った。ぼくがすでに気がついて学会で発表していたとおり、オスはそのあたりでメスの匂いではなく「姿」を探して飛びつくのである。

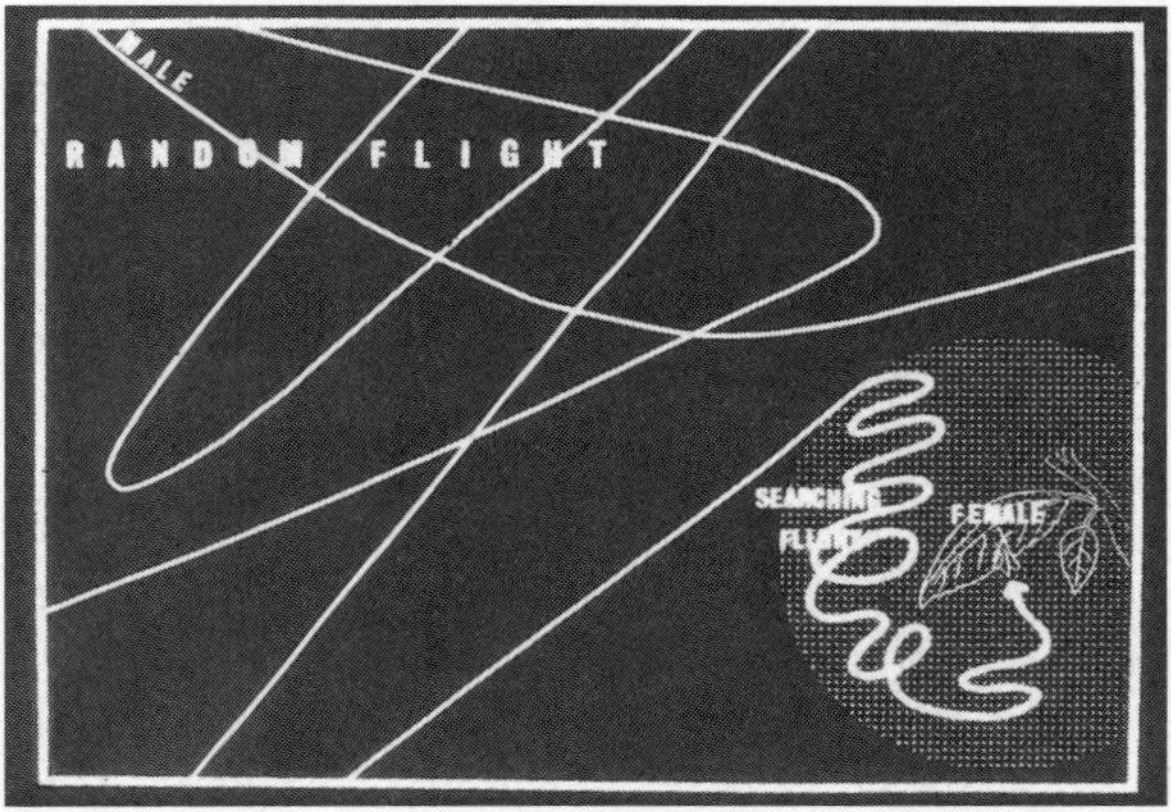

アメリカシロヒトリのオスは、空気中をただようごくうすい濃度の性フェロモンに反応して、ランダムに飛び回る（random flight)。
このランダム飛翔中に、フェロモンを放出しているメスのごく近く（風下側約2メートル以内ぐらい）をたまたま通ると、この高濃度のフェロモンに反応して、突然に飛びかたと飛ぶ速さを変える。そしてゆっくりジグザグに飛びながら（searching flight)、メスの姿を目で探し、みつけたら飛びついてメス（female）の体に触角で触れ、確認した上で交尾する。(T. Hidaka 1972)

このようにして、昆虫の性フェロモンは数キロメートルも遠くからオスを誘引するという話が「科学的に」できあがってしまった。今から見ればこれは完全なイリュージョンであった。しかし、このイリュージョンがフェロモン研究をいやがうえにも推進したことは間違いない。つまり、フェロモン研究を推進したものは、科学的な「事実」ではなく、科学的に作りあげられてしまった、あるいは、科学的に裏づけられたと思われてしまったイリュージョンだったのである。

第8章　知覚の枠と世界

モンシロチョウは赤が見えない

動物の感覚や行動の研究によっていろいろなことがわかってきた。たとえば、モンシロチョウは、紫外線が見える。モンシロチョウをはじめとして、多くの昆虫には人間には見えない紫外線が見える。このことを発見したのは、一九七三年にコンラート・ローレンツ（Konrad Zacharias Lorenz）、ニコ・ティンバーゲン（Niko Tinbergen）とともにノーベル医学生理学賞を受けたドイツの生理学者、カール・フォン・フリッシュ（Karl von Frisch）であった。これに基づいてずっとのちに、ぼくがモンシロチョウのオスがどうやってメスを認知しているかを研究してみると、前に述べたように、モンシロチョウのオスは、メスの翅の裏が反射している紫外線と黄色の混ざった色をメスの信号として認知していることがわかった。

つまり、こういう昆虫たちは、人間には見えない紫外線の色——紫外色という特別の色——が見えているということである。われわれには、紫外色は見えない。そもそも感知できない。したがって、われわれ人間が見ている花とモンシロチョウが見ている花とは違った色をしているのである。

ところが、またいろいろ実験をしていくと、モンシロチョウは赤が見えないことがわかった。赤は暗黒と同じであって、ひとつの色ではないのである。そうすると、不思議なことになる。つまり、われわれ人間は赤から紫（正しくはスミレ色）までの色を見ることができる。これを分解すると、いわゆる虹の色になる。ところがモンシロチョウは赤が見えない。黄色とそれより波長の短い光は見えるが、黄色より波長の長い赤は彼らには見えないのである。

われわれ人間には赤は見えるが、それより波長の長い光は暗黒と同じで、明るいとは感知されない。そこで赤の外という意味で赤外線と呼ぶのである。真っ暗闇の中で、いかに赤外線が照射されていても、人間はそれを熱としては感じるが、光ないし色としては感知することができないのである。しばしば赤外線ストーブの色が赤く見えるようになっているが、本当の赤外線だけを発している赤外線ストーブは温度としては暖かいのであるが、赤く見えるはずはないし、明るく見えるはずもない。これと同じ言い方をすれば、昆虫にとって赤は黄外線である。

人間の目に色として見えるもっとも短い波長の光はスミレ色（violet）の光である。これより波長の短い光は、人間には見えない。そこでそういう光をわれわれは紫外線と呼ぶ。スミレ色（菫色）のことを誤って紫ということが多いからである（英語では紫外線のことは ultraviolet《略してUV》という。他の言語でも同じである。日本でも昔は菫外線《きんがいせん》といっていたが、いつのまにか紫外線になってしまった。ちなみに紫はスミレ色と赤の混ざった色で、英語では purple である）。ところがいまいったとおり、昆虫はスミレ色よりもっと波長が短い光、人間には見えない紫外線を見ることができる。しかも、紫外色という独立した色として見ることができるのである。

人間が永遠に実感できない色

人間は赤からスミレ色までの色を見ている。そして、それらの色が均等に反射されているものを「白い」と認知している。しかし、多くの昆虫は赤が見えず、黄色から紫外線までを光として見ている。そこで、彼らにとって白とは黄色から紫外線までを含んだ光が均等に反射されている場合の色なのである。するとわれわれ人間が言っている白という色と、昆虫が感じている白という色は違う色であるということになる。ある野原に育つ緑の植物、そしてそこに咲く花は空からの太陽光を反射している。紫外線を反射しているものもたくさんある。しかし、その部分の色を人間は見ることができない。昆虫はそれを見ることができる。そうすると、野原の緑も、そこに咲く花の色も、人間と昆虫とではまったく違った色であるということになる。このように異なる知覚の枠に基づいて構築された世界は、人間と昆虫とでは完全に違っているわけだ。

このような議論は昔からさかんにされてきている。そして、最近では人間がめがねをかけて、昆虫になってみようという試みもいくつかの博物館でなされたことがある。しかし、これは無理なことである。本来、人間の目は紫外線を感知できないようにできているからである。

それはなぜかというと、紫外線は非常に化学的な作用が強い。夏、紫外線が強い砂浜とか、あるいは冬、強い光のさす雪の上では、大量の紫外線が反射されたり、降ってきたりしている。それを人間の肌が受けると、化学的な作用をおこし、日焼けして色が黒くなる。しかし、人間は紫外線を光としては感知できないので、知らぬ間にひどい日焼けをする。まぶしいと思うのは光が強いからであって、紫外線のせいではない。

そのような紫外線の悪い化学的作用を避けるために、人間の目のレンズ（水晶体）は紫外線を通さないようにできている。だから人間はいかに紫外線が降りそそいでいても、それを感知できないのである。昆虫の目は多少構造が違うので、あまり波長の短くない紫外線は見えるようになっている。人間にはその部分が見えない。レンズが吸収してしまうから、紫外線は目の感覚細胞には届かないのである。したがって、どんなめがねをかけようとも、人間は紫外線を感知することができない。

ましてや昆虫は紫外線の色を、他の黄色とか、青とかと違う、紫外色というひとつの独立した色として認知しているのであるが、人間にはその色がどんな色なのか、まったくわからない。われわれはさまざまな色を見ているが、その色の他に、紫外色という色があるのかどうか、それもわからない。これは人間が永遠に実感できない色である。

環世界は動物の種によって異なる

そのような知覚的な枠組みの違いが存在しているので、人間が構築している世界と、昆虫たちが構築している世界とは、少なくとも色においては完全に違っている。われわれはそれを理屈でいろいろと考えてみることはできる。しかし、本当にどんな色か感じることはできない。

理屈として考えてみると、人間が感知できる光のいちばん長い波長は赤である。いちばん短い波長はスミレ色である。その二つが混ざった色というのは、ようするに虹の七色が赤からスミレ色に移るところで赤とスミレ色がダブった紫(パープル)である。したがって昆虫が感知できるいちばん長い波長である黄色と、いちばん短い波長である紫外色が混ざった色というのは、おそらく人間の紫に近いものであろうということは理論的にはわかる。しかし、実際にはどんな色なのか、われわれにはまったくわからない。モンシロチョウのオスは、モンシロチョウのメスの翅の裏の黄色と紫外色の混ざった色を、メスである信号として認知して、世界を構築している。その色がどのようなものか人間にはわからないが、今述べた理論的な推論に立つと、それは人間の紫に近い色であろうということになる。けれど赤とスミレ色の混ざった人間の紫と、黄色と紫外色の混ざった昆虫の紫とはおのずから違うものであろう。そこでわれわれは、人間の紫をヒューマン・パープル(human purple)、昆虫の紫をインセクト・パープル(insect purple)

と呼ぶことにしている。

けれど、すべての昆虫が赤が見えないわけではない。ほとんどすべての昆虫が紫外線が見えることは確かであり、そして赤が見えないことも確かであるが、アゲハチョウは赤が見える。赤い花が大好きで、蜜を吸うときには、好んで赤い花を訪れる。すると、同じチョウの仲間でありながら、アゲハチョウは紫外線も見え、かつ赤も見えているから、見えている光の幅がモンシロチョウよりも広いことになる。

そうすると、アゲハチョウにとっては、赤から近紫外までを均等に反射しているものが白であるはずである。モンシロチョウにとっては、赤が見えないから、赤があろうがなかろうが、それは関係ない。黄色から近紫外までを均等に反射しているものがモンシロチョウにとっての白である。アゲハチョウを昆虫の中で例外とすれば、昆虫にとって白とは、前に述べたように黄色から近紫外までを反射している色であり、人間にとっての白は、赤からスミレ色までを反射している色であって、紫外線が反射されているかどうかは関係ない。多くの昆虫の場合は赤が反射されているかどうかは関係ない。

そこで同じ白でありながら、まったく違う白であることになる。人間にとっての白をヒューマン・ホワイトといい、昆虫にとっての白をインセクト・ホワイトというが、ヒユーマン・ホワイトとインセクト・ホワイトは、同じホワイトでも違うのである。

われわれの見ている野原は、われわれにとっては緑であるが、昆虫にとってはどんな色なのかはわれわれにはわからない。つまり、緑の環境といったときに、昆虫にとっては緑の環境かどうかわからないのである。同じ物がまったく違う世界として見えていることになる。

このことはとても重要なことなのではなかろうか。そして、同じ昆虫でもアゲハチョウの見ている世界と、モンシロチョウの見ている世界はもはや同じではない。このように考えてみると、ひとつの環境というものは存在しないことになる。それぞれの動物の主体が構築している世界があるだけであって、この環世界は動物の種によってさまざまに異なっているのである。

接触化学感覚とは？

さらに、昆虫には不思議な感覚がある。それは接触化学感覚（contact chemical sense）と呼ばれているものである。

昆虫は歩きながら触角でものに触れる。触ったとき、昆虫は触った場所の匂いというか味というか、その場所の化学的な性質を感知するのである。多くの昆虫は触角以外に、たとえば、前肢の先にもそのような接触化学感覚がある。

たとえば、ハエは何か食物を探してテーブルの上をちょこちょこと歩き回っている。その時、当然、前肢の先をテーブルにつけている。そうやって歩き回っていると、そのテーブルにしみこんだものの匂いというか、味が前肢でわかる。それがたとえば砂糖の味であれば、ハエは反射的に、口吻が伸びてそれをなめる。

人間にはそういう感覚器はないのでこのようなことはできない。いくら指先で触っても味や匂いはわからない。そして鼻でかいでわかるには、それが空気中に漂う匂いになっていなければならない。ところが、ハエやその他の昆虫は、空気中に漂う匂いを遠くから触角全体で感じとるばかりでなく、ものにしみこんだ匂いというか、味というか、化学的な性質そのものを、触角の先端や前肢の先で触れることによって感知できるのである。

人間はそれができないので、必ず鼻を近づけてみなくてはならない。食堂では、醬油とソースが容器に入っている。このごろはたいてい醬油、ソースと書いてあるが、昔は書いてなかった。どちらが醬油でどちらがソースかわからない。そのようなときはビンを手にとり、鼻に近づけて、くんくんと匂いをかいでみる。そうするとかすかな匂いがする。これはまさに匂いとしてわかっているのであって、これで醬油とソースの区別がつく。昆虫は触角の先で触るか、前肢で触るかすれば、くんくんと匂いをかがなくてもわかるのである。

問題は触るということである。触角は嗅覚器官でもあるから、その場合には触らなくても、空気中の匂いを遠くから匂いとしてキャッチできる。多くの昆虫が飛びながら周りの匂いがわかるのはそのためである。しかし、場合によって、ある特定の部分の匂いを知る時には、触角か前肢でそのものに直接に触れる。その時には嗅覚ではなくて、接触化学感覚で認知しているのである。接触化学感覚によって構築される世界は、人間にはまったく想像できない世界ということになる。

超音波を認知できない人間

このほかにも、たとえば、超音波というものがある。超音波は、超という字がついているように、人間が聞いている音波よりももっと振動数が高くて、人間に聞こえない音をいう。

人間の耳に聞こえるものを「音」と定義するとすれば、超音波はもはや音ではなく、まさに超音波である。音よりももっと振動数の高い、空気の振動である。人間の耳はそれをキャッチできない。いかに超音波が発せられていても人間の耳はそれを感じない。感じる場合には、何か衝撃的なものとして感じるだけで、音として感じることはない。

ところが、よく知られているとおり、コウモリはそれをちゃんとキャッチすることができるし、それを発することもできる。自分で超音波を発射して、それが周りのものに反射して返ってくる時間をはかることによって、相手との距離を知り、相手が動いている様子をとらえることができるのである。これがコウモリたちの有名なエコー・ロケーション（反響定位）である。

人間は自分の体ではそれができない。人間はその原理をコウモリで発見して、同じ原理を使う機械を発明した。それがレーダーである。レーダーというものを通せば、人間は超音波というものが存在しているということはわかる。しかし、それを耳でじかに感じることは絶対にできない。だから、コウモリたちが、夜、暗闇のなかで、自分たちの周りにどのような世界を構築しているのか、われわれにはまったく実感できない。

そのことを逆に示した話を、「利己的な遺伝子」論で有名な、リチャード・ドーキンスが書いている。コウモリたちがみんなで集まって議論している。どうも人間という連中は、超音波ではなくて、目で見ながら周りの世界の様子を認知しているらしい。しかし、そんなことができるのであろうか。超音波でなかったら認知できないのではなかろうか、という議論だ。

ある意味で、世界の構築ということが、何か現実的なものではなくて、ある感覚的な枠の中で作り上げられているとすると、コウモリ、あるいはチョウが作り上げている世界は、同じ野原の中、同じ林の中であっても、ぜんぶ違うのであって、それは、それぞれの動物がもっている、ある種のイリュージョンによるものだということになる。

生きるとはどういうことか

同じようなことは、われわれやチョウがいわゆる環境を見たときだけではなく、たとえば、モンシロチョウ同士が相手を見たときにまで及ぶ。モンシロチョウのオスの翅の表はわれわれから見ると白くて、裏は多少黄色っぽい。紫外線はほとんど反射していない。ところがモンシロチョウのメスは、翅の表は白くて、裏が黄色っぽく、紫外線をかなりたくさん反射している。そうすると紫外線が見えるモンシロチョウにとっては、モンシロチョウのオスとメスは同じ色には見えないことになる。どんな色になるかよくわからないけれど、人間の目の色彩論にのっとって考えてみると、モンシロチョウのメスは、モンシロチョウにはインセクト・パープルの色に見えていると考えられる。強引にいえば、人間の紫色に近い色かもしれない。

一方、モンシロチョウのオスは、メスとは違った色に見えているはずである。そして、それは紫外線の反射がほとんどなくて、そして黄色からスミレ色までを反射している色であるから、人間の色彩論にのっとって考えてみると、どうもそれは青緑に近い色ではないかと想像することはできる。そうするとモンシロチョウのオスをモンシロチョウが見ると、青緑色に見えているのかもしれない。

モンシロチョウの世界の中で、青緑のオスと紫色のメスが飛んでいて、その二つが近づいたり離れたりして、そして青緑のオスと青緑のオスは反発しあっていて、紫色のメスと紫色のメスはあまり関係ないというふうな動き方をしているのではないかと思われる。人間から見れば、二匹の白いモンシロチョウが引き合ったり、離れたりしているということになる。色ということから見た場合、まったく違った世界ではないだろうか。世界を構築し、その世界の中で生きていくということは、そのような知覚的な枠のもとに構築される環世界、その中で生き、その環世界を見、それに対応しながら動くということであって、それがすなわち生きているということである。そして彼らは、何万年、何十万年もそうやって生きてきた。人間はまた全然別の環世界をつくって、その中でずっと生きてきた。環境というものは、そのような非常にたくさんの世界が重なりあったものだということになる。それぞれの動物主体は、自分たちの世界を構築しないでは生きていけないのである。

第9章　人間の概念的イリュージョン

概念によって構築される世界

人間にも知覚的な枠はいろいろある。たとえば、超音波は人間の耳には聞こえない。だから人間は超音波がどのようなものかを感じることはできない。しかし、超音波というものがあることは、いろいろな方法で証明することができる。機械によってその振動数を落とせば、それを聞くこともできる。けれどそのときに聞けるのは、可聴音の範囲に振動数を落とした、つまり音に変えた超音波であって、超音波そのものではない。

紫外線も同じことである。紫外線は物理学的にいえば、地球上に存在する、いわゆる電磁波のある部分である。人間の目はその電磁波の波長が約七〇〇ナノメーターから四〇〇ナノメーターのあたりまでの部分を目で光として感じることができる。しかし、それをはずれた、七〇〇よりもっと長い波長の電磁波、つまり赤外線や、あるいは四〇〇より短い波長の電磁波、つまり紫外線は、知覚的には感知できない。

けれど、機械を使って、それを音に変えるとか、いろいろなことをしてみると、人間には直接には感じられないが、そこにある波長の電磁波が存在していることは理解できる。そして、紫外線という言葉で呼ばれている電磁波があって、それが人間の体に、たとえば日焼けを起こさせるという作用をもっているということもわかる。あるいは赤外線だと、目には見えないが、肌で熱いと感じる。したがって、たとえばそれを使ってヒーターをつくってみたりできる。

しかし、人間はそれを光とは感じていないから、赤外線がいまそこにあるといっても明るいわけではなく、それはただの暗黒である。けれど赤外線に反応する機械を使ってそれを電気や光や数値に変換してみれば、赤外線というものがあるということはわかる。それによってわれわれは感じることはできないが、この世界にそのようなものがあるということがわかった上で、世界を構築していくことができる。

たとえば、紫外線が当たると皮膚が日焼けを起こすことも、夏の紫外線が非常に強いということも、概念ないし知識としてはわかっている。日焼けはしたくないとなると、紫外線を吸収する物質はないかと探してみて、そのような物質で日焼け止めクリームをつくる。それによって、人間は紫外線による日焼けを避けることができる。これは人間がまさに概念によって構築した世界の中で、どう生きるかを考えているからである。

電磁波に関することだけでも、物理学にはこのようなことが非常に多くあって、それが工学とむすびついていろいろな形で人間の役にたっている。ラジオ然《しか》り、テレビ然り、X線検査機等々然りである。いまわれわれは、そのようなものを非常にたくさん使っている。コンピューターは電子の働きを物理学者が調べてわかったことによってできたものである。電子というものをわれわれはもちろん見ることはできない。電子がどう動いているかということも見ることができない。しかし、機械を介することによって、われわれにはそれがわかり、それによって世界を構築することができる。

あるいは放射線というものがある。いうまでもないが、放射線は、物質の原子が崩壊するときに原子核の中から飛び出してくる、非常に小さい粒子である。もちろん人間はまったく見ることはできない。あるいは、宇宙線にしてもそうである。宇宙からそういうものが降り注いでいるということは、まったく目に見えないし、体にあたっても痛いわけでもない。けれど、そういうものの存在を証明するような機械をつくることができる。たとえば、放射線の場合だと、写真のフィルム。フィルムの中には銀の粒子が入っているのであるが、その銀の粒子に放射線があたったときに、銀の粒子が破壊される。現像して調べてみるとそれがわかる。

そこでわれわれは目で直接には見えなかったけれど、その放射線が起こした結果を目で見えるようにしたことによって、放射線というものがそこに存在していたということを知ることができる。そのことによってわれわれは宇宙線、放射線というものがこの地球上にあるのだということがわかった。

最近、ノーベル賞受賞で有名になったニュートリノにしても、あるのではないかということは理論的にはわかっていた。本当にそれがあるのかどうかを調べるために、巨大なスーパーカミオカンデという装置を作り、そこで水の粒子にニュートリノがあたったとき起こったことを機械でキャッチしてみると、たしかにニュートリノと考えられるものであったことがわかった。こうしてわれわれは、この地球上には人間にはまったく感知できないニュートリノという非常に微小な粒子が存在しているということを知った。

それによってわれわれはひとつの世界を構築する。このような世界は人間しか構築していない。ネコやイヌはまったくそのようなことは知らない。ニュートリノなどというものが存在することも知らず、感じることもできず、それを何かに変えて証明することもできない。したがって彼らの世界にはニュートリノというものは存在していない。しかし、人間は地球上にはそのようなものがあるということを知っている。そして、そういうものとしてこの地球を頭の中で考えている。けれど、現実の感覚としてわかっているということではまったくないので、それはある意味でいうと現実ではない。現実ではないと感じられるあるものを、なんとか現実のものとして見えるように変えていくのである。そしてその知識と概念の上に立って世界を構築し、宇宙の進化まで論じようとしている。

見えないものを見る

人間が構築している世界は、その非常に多くがそのようなもので成り立っている。われわれが現在使っているきわめて多くのもの、たとえば携帯電話にしても、コンピューターにしても、インターネットにしても、すべてその内容が目で見えるものではない。結果をコンピューター画面に表示するかプリントアウトするかすれば、われわれにも見ることができる。メールが空を飛んでいるのを見ることはできないが、それをしかるべき機械で受けて、たとえば、携帯電話の画面に出せば、それが読める。ただし、それが自分の理解しうる言語であれば、である。

このようにして人間は、ある意味で不思議な世界をつくりあげていることになる。こういった世界は、少し前の人間にはまったく考えられなかった。

今から一〇〇年ちょっと前、つまり一九世紀の終わりから二〇世紀の初めにかけて、人間は知覚的に感知できない電磁波のある部分を使って無線通信をする方法を考え出し、それがラジオの発明につながった。

電磁波のその部分はかつてはラジオ波と呼ばれていたが、もちろん人間は直接にそれを感じることはできない。しかし、しかるべき装置が考え出されると、その装置でそれを受けて音に変え、ラジオ波の存在を確認することができる。そして逆に、そのような電磁波を発生させることもできるようになった。そうなればそれで発生させたラジオ波を飛ばし、それを受信機で受けて音に変えるラジオという新しい機械が誕生した。

しかし、ラジオの発明以前の人びとはそんな電磁波があることも知らなかった。したがって、その人びとの世界にはラジオ波というものは存在していなかった。そしてラジオ波があるという世界も彼らは構築することができなかった。しかしわれわれはそれを知っている。

さらにラジオではなく、テレビというものもできた。カラーテレビもつくられた。われわれは、きわめて日常的にそれを見ている。しかし、どのような電波がどのようにして送られてきているのかはまったくわからない。空中をどのように飛んでくるのかもわからない。それはテレビの受像機で受ければ映像としてわかる。しかし、われわれはそれによって世界を見ている。今現在、世界のどこで、何がおこっているかをちゃんと見ることができる。昔の人はそれを見ることができなかった。人間の世界はどんどん変わってきているのである。

興味ぶかいと思うのは、このようにしてできたラジオやテレビによって得られた内容から何を考え、いかなる世界認識をするかはイリュージョンであるのに対し、ラジオ波とか電子とかいうものはイリュージョンではないということである。

もしラジオ波や電子が論理的につくりあげられたイリュージョンであったとしたら、ラジオやテレビという機械をつくることはできなかったであろう。

しかしニュートリノの例で述べたように、ラジオ波とか電子のようなものがきっと存在しているはずだと予想することは、イリュージョンの問題である。

その上に立って順次証明されていったラジオ波や電子を使ってラジオやテレビができたとき、ラジオ波や電子はイリュージョンではなくて現実のものであったことがわかる。それは現実だと信じられるイリュージョンでもなくて、まさに現実の存在なのだ。

しかし、人間がラジオ波や電子につながりうるイリュージョンを持たなかったほんのわずかな昔の時代には、そのようなものは存在しなかった。いうなれば、イリュージョンによって現実が姿を見せてくれたのである。

そしてそのラジオやテレビによって報道される内容は、もはや現実かどうかはわからない。それはその報道に関わる人びとのイリュージョンによってつくられているからである。

その内容を現実と思うかどうかもイリュージョンの問題である。たとえば今日のイラクの状況の報道を見て、アメリカは正しいというイリュージョンをつくりあげる人もいるだろうし、アメリカはまちがっているというイリュージョンを抱く人もいるだろう。ラジオ波や電子の存在、そしてラジオやテレビという機械は結局のところイリュージョンによって生まれた現実かもしれないが、それがまた次のイリュージョンをつくり出すことになるのである。人間の構築する世界は、このようにしてどんどん変わっていく。

文化の変遷

そこで、いろいろなことが問題になる。たとえば、ラジオは必要だが、テレビは要らない、という人が少し前まではたくさんいた。それは自分が生まれたときにはラジオはあったが、テレビはなかった人たちである。彼らの世界の中にはラジオはあったが、テレビはなかった。だからあんなものは余計だ、なくてもよいという。しかし、もっと後で生まれた世代は、生まれたときからテレビがあった。あたりまえのものとして存在していた。したがって、彼らの世界はテレビによって構築されている。テレビがなかったら困る、世界が構築できない、というまでになっている。それを世代のギャップとか、世代による感覚の違いとかいうのであろう。

さらにそれは、同じ時代、同じ世代においても、文化によって変わる。たとえば、いくつかの文化では、何か、恐ろしい神がいて、その神によってこの世界ができており、人間はその世界の中で生きている。そういう世界を考えていた。もちろん現実の世界に、そのような恐ろしい神がいるはずはなくて、人びとがそのように信じていたのである。

神々の間にははげしい対立があると考えられ、複雑な宗教体系も構築されていたらしい。

これは現実ではなくて、つくりあげられた世界である。つまり、これはある種のイリュージョンである。しかしこのイリュージョンによって、これらの文化の人びとは、自分たちはどう生きるべきか、どのようにすれば神が喜び、自分たちがなんとか幸せに食っていけるか、という具合にものを考えて生きていこうとしていた。世界がどんなふうにできていて、誰のおかげで世界があるのかというようなことをイリュージョンによって構築しなければ、その時代の人びとはきっと生きていけなかったであろう。そのようなことは他の文化・文明についてもみな言えることである。

人間には古い古い時代から現代にいたるまでさまざまな文化が存在していて、それぞれがもっていたそのイリュージョンに基づいて、その人びとが構築していた世界はみな違っている。そして、文化が滅びたとき、その世界も崩壊する。崩壊するというよりも、なくなってしまう。同じ場所に、また別の人びとがきて、あるいは同じ人びとかもしれないが、文化が変わって、違うイリュージョンをもつようになったかもしれない。そうすると、そこで構築される世界はまた違ったものになるであろう。

イリュージョンも変化する

それほど古い時代のことでもない。ほんの数百年前まで人間はこの世界はまったく平らなものだと思っていた。それは当時の人びとが日々経験していた事象から、世界とはそのようなものだと考え、それでとくに矛盾を感じることがなかったからであろう。そこで、人びとはそのように考えて世界を構築し、その世界の中でどう生きていくか、旅をするにはどうしたらよいか、地図を作るにはどうしたらよいかということを考えていた。そして、それに従って生きていた。

しかし、よく知られているとおり、その後、どうも地球は平らではなくて、丸いのではないかというようなイリュージョンがでてきた。そして、それを証明するようなことがいろいろわかってきて、結果的に地球は丸いのであるという新しいイリュージョンに変わった。

そうすると、人びとは丸い地球という世界を構築して、丸い地球の中でどう生きていくかということを考えた。もし地球が丸いのなら、西から行っても東から行っても同じ場所に到達できるはずで、実際に探検家はそれをやった。そして、アメリカ大陸を「発見」したり、いろいろな島々を発見した。発見してみると、そこにはヨーロッパ人たちとはちがったイリュージョンをもち、そのイリュージョンによって世界を構築している人びとがいた。

ヨーロッパ人たちはしばしばそういうイリュージョンを叩き潰そうとし、「改宗」させようとしたりした。しかしそれは、結果的には奇妙な形となって残っている。

かつてインカ帝国の土地であったチンチェーロでは、正式のカトリックの神父が夜になると土地伝統の呪術師になり、十字架を振りながら「我、只今よりイエス・キリストの御名において呪いを行う」とおごそかにのたまうという話を読んだことがある（三浦信行『呪術の帝国』二見書房、一九六二年）。

いずれにせよ、異なるイリュージョンを持つ二つ以上の文化が出合った場合、多くは複雑なことが起こり、イリュージョンの闘いになったり、新しいイリュージョンが生まれたりした。

人間は概念によってイリュージョンを持ち、そのイリュージョンによって世界を構築する。他の動物はおのおのがその知覚的な枠に基づくイリュージョンによって環世界をもっている。知覚的なものはおいそれとは変わらないから、代々まったく同じ環世界をもっている。もちろん状況によって変わることはあるが、その状況が同じであれば、いつも同じであるわけで、たとえば、モンシロチョウの場合のように、子孫を残すためにメスを探しているオスであれば、その環世界の中に花は存在していない。しかし、空腹になれば、忽然として花が出現する。しかし、彼らの世界の中に、ラジオ波とかコンピューターとか、電子などというものはまず絶対に出現することはない。人間の場合には、いろいろと探っていくことによって、人間の知覚ではわからないが、人間の知覚の範囲内にものを持ち込んでくるような機械をつくりだしていくことによっていろいろなことを理解し、次つぎにイリュージョンを生み出してきた。その結果として、人間が構築する概念的世界も変わってきた。

われわれが関心をもつのは、この人間の概念的イリュージョンによってつくられた世界である。こういう概念的世界、概念的イリュージョンというものがどうしてできあがってくるのかということがいちばん問題なのである。

第10章　輪廻の「思想」

死の発見

人間は、電子とか紫外線とか、知覚的には認知できないものも何らかの方法で、技術的に人間の知覚の領域内に持ち込み、いろいろな機械や技術を使ってその存在を証明し、その性質を調べて、それを理解し、その上に立ってさまざまな概念をつくり、さらにそれに基づいて新しい機械を作ったりした。たとえば人間の目には見えない電子の性質を使ってテレビを発明し、それで何千キロも離れた場所の映像を目で見ている。そしてその映像の中の人びとの悲惨な生活を救おうと運動をはじめ、それに大切な意味と生きがいを感じたりする。

これはどこまでが現実でどこからがイリュージョンだかわからないが、もし電子が実在のものでなく、完全に人間のイリュージョンだったとしたら、テレビができたはずはない。けれどテレビの画面に映し出された人びとの生活への思い入れは、イリュージョンに基づくものと考えてよいであろう。人間においては、現実とイリュージョン、イリュージョンと現実とは、前章に述べたような関係の中で、人間の世界（環世界）構築にあずかってきた。

しかし人間は、現実に存在しているかどうかわからないものまでも、観念的につくりあげて、それをもとにした世界も作っている。そのひとつの例といえるのが、輪廻転生の思想である。

この思想は、思想といえるかどうかわからない。感覚とでも言うべきものかもしれないが、その始まりはきわめて古いようである。輪廻とは、人が死んだ後、その魂が、動物や草木あるいは他の人間に移ってそこでまた生を得、それがぐるぐる回っていくということである。このような観念はおそらく、人間が死というものを発見してしまったことに原因があるのだろう。

いつの頃か、人間はこの世の中には死というものがあって、それがいずれは自分にも襲いかかってくるということを不幸にも知ってしまった。他の動物はおそらくそのようなことはないだろう。仲間が死んだときも、ただ、それは動かなくなった、つめたくなった、呼んでも答えなくなった、どうしたんだろう、というだけのことであって、「死」

というものがそこにあるとは認識していないように思われる。

この死というものの発見が人間にとって、どれほど脅威であったことか。人間はそれに対して、何らかの対応をしなければならなかった。死というものを認識することは、今、生きている、生というものと対比させて認識することである。そして人間は、死にたくない、いつまでも生きていたいと願望したことは間違いないだろう。そこから、死んでもまた生まれ変わるという発想が出てくることも、想像に難くない。輪廻という観念は、おそらくそこから生まれたことは間違いあるまい。

何に生まれ変わるか、自分が自分に生まれ変わるということはないということは悲しいながら知っていたから、生まれ変わるとするならば、何か別のものであるはずである。それが、何かある動物になったり、植物になったり、あるいは、自分の孫になったりするということになるが、その動物、植物、そして孫にしても、いずれは死ぬ。そこで終わりになったのでは困るので、またそこで、何か他のものに生まれ変わるはずである。そう信ずることによって人間は、自分が永遠に生きていくのだというイリュージョンを得ることができた。

輪廻説の誕生

そのようなイリュージョンの始まりは、おそらく何万年も昔のことであったろう。それが、その後、生きている間の行いによって、何に、どう生まれ変わるかが決まるという因果性をもった輪廻説になっていったのは、一万年ぐらい前のことであったろうか。紀元前八世紀から同七世紀頃、インドのウパニシャッド哲学において、人間の死後、生前の行いによって、その人が何か動物に生まれ変わるか、あるいは植物に生まれ変わるかということが決まる、というようなパターンの輪廻説が論じられたと、山折哲雄氏は言っている。

そしてその後インドにおいて、このような輪廻転生を繰り返している状態は、いわば、迷いの状態であると考えられるようになり、そこで、宗教的な実践によってこの迷いから解放されるという考え方が生まれた。この考え方は、当時のインドのバラモンの階級差別を合理化するためにも利用されたといわれている。これはイリュージョンから新たなイリュージョンを論理的に作り上げることによる新しい世界の構築である。人間は大昔から絶えずこのようなことを繰り返しているのだ。

一方、初期的な輪廻の観念は後に仏教にも引き継がれた。輪廻は無知と愛執によって生じるもので、これを断ち切ることによって、いわゆる涅槃とか解脱が得られるという教えとなった。涅槃や解脱に至れない場合、いわゆる六道輪廻という形で、人は死後、地獄、餓鬼、畜生、修羅、人間、天上という、六つの生き方をすることになる。古代ギリシアにおいても輪廻の観念は生きていた。ピタゴラス、プラトンなどが霊魂の不滅を説き、その霊魂が人間以外の動物や植物に生まれ変わって、流転していくという輪廻説が主張された。霊魂は現世から来世にいき、そこからふたたび現世に帰ってくるという。

日本においてもこの輪廻の観念は、仏教とともに受け入れられた。

ただ、日本の場合には、インドのような形ではなく、現世で善いことをすれば、あの世でも良いことがあるというような、つまり、現世で善いことをしましょう、そうすれば報われるという、現世信仰的であると山折哲雄氏は言っている。

これらのほかにも、いろいろな民族、文化において輪廻というイリュージョンはきわめて古くから存在し、連綿と引き継がれてきているように思われる。

いずれにせよ、この輪廻という観念にはなんら現実的なものはない。人びとはそこに想定されている地獄とか、天国とか、そのようなものが実在することを信じよう、証明

『熊野観心十界曼荼羅』（個人蔵、岡山県立博物館提供）
「地獄・極楽の絵」とも呼ばれ、戦国時代末期から江戸時代初頭にかけての日本の民衆の生きざまと信仰のありさまが描かれている。誰も現実に「地獄」を見た人はいないのに、人びとは中世とは異なる新たな「地獄」を意識しつつ生きなければならなかった。

しようとして、さまざまな努力をしてきた。「地獄絵」、「生き地獄」、「地獄を見た」という表現はきわめてしばしば使われるし、「まるで天国のような」という形容もきわめて日常的なものになっているが、誰も現実にそのものを見た人はいないのだから、これらは不思議な言葉である。しかしイリュージョンの世界においては、これらはきわめて現実的感覚を呼び起こすのだ。

それは、いろいろな宗教においても同じように、というか、ますます明らかである。本来、それらは主観的なものであるはずなのだが、神を体現するとされた人は、民衆の前でそれを証明してみせるような奇跡を行っている。このような発想は、世界じゅうに昔から存在していて、今なお、人びとの心の中に深く根づいている。

遺伝子を残したい

「遺伝子の利己性」という、きわめて現代的な発想に立った「利己的な遺伝子(the selfish gene)」論を展開したリチャード・ドーキンスも、人間は他の動物と同じように自分の遺伝子を残すだけでは満足せず、自分の名とか作品とか、要するに自分の存在したことの証明を後代に残したいと願っていると述べている。それを彼は「遺伝子(gene)だけでなく、ミーム(meme)も残したい」という形で表現している。

これは人間のもつ自己の永遠性願望とでもいうものと関わるイリュージョンの問題なので、もう少し詳しく述べておこうと思う。

よく知られているとおり、一九六〇年代のころまでわれわれは、動物たちは自分の種族維持のために生きているのだと考えていた。いわゆる自己保存の「本能」を含め、動物たちが複雑かつ巧みな行動を進化させて子孫を残していくことは、結局はすべて自分たちの種族維持を目指したものであると考えられていた。

行動や社会形態の進化もそのためにおこった。同種殺しの回避もそのために進化した。そのような進化を遂げえなかった種は種族維持ができないため、現在まで生き残れずに消滅した。動物たちが危険を冒して繁殖に努力するのも、要するに種族維持のためである。一九六〇年代まではこのように考えられており、それは十分に説得力があったので、生物学の研究者を含めて多くの人がそれで納得していたのであった。

けれど、一九六〇年代ごろから、動物行動学や動物社会学の野外研究がさかんになるにつれて、この考え方では理解できない事例が次々に見つかってきた。第11章で述べるような多くの動物における子殺しや兄弟殺しなどがその始まりであった。

そのような事例をよく検討してみると、殺されるのはたしかに自分の種族の子どもであるけれど、殺した個体からみると、その子どもはその個体の子ではなく、他の個体が自分と関係なく産んだ子なのである。

そこで、動物たちは種族のことなど考えていない、考えているのは自分の血のつながった子をできるだけ多く後代に残したいということではないのか、という発想が生まれた。

目的は種族維持ではない

動物たちがやっている行動をこの発想に立って見てみると、それまでは不可解に思われていたことが、じつに素直に了解できるのである。

おまけにこの考え方は、チャールズ・ダーウィン（Charles Darwin）がその進化論を展開した『種の起原』で述べていること——すなわち、よりよく適応した個体はより多く子孫を残す。その結果としてそのような特徴を持った個体が増えていき、種はその方向に変化していくことであろう。このようにして進化がおこる、ということ——にもぴったり符合することもわかった。

そこで、オスであれメスであれ、ある個体が自分の血のつながった、すなわち自分の遺伝子を持った子孫をどれだけ多く後代に残しえたかをもって、その個体の「適応度」とする、適応度(fitness)、あるいはダーウィン適応度(Darwinian fitness)という概念ができた。

これについては第11章(一七六—一七八頁)に述べるとおりであるが、この適応度という概念を用いるなら、動物たちは自分の種族を維持するためではなく、それぞれの個体が自分の適応度を最大化することを目指して生きているのだ、ということになる。その結果として種族も維持されるのだ。

こうしてそれまでの種族維持のためというイリュージョンは、自分の適応度増大のためという、新しいイリュージョンに変わった。

遺伝子の利己性とは

しかし、適応度などという概念を知らない動物たちが、なぜそのように振舞うのであろうか？

そこでドーキンスは、それは個体に宿っている遺伝子が個体を操ってそのように振舞わせるのだと考えた。要するに、生き残って増えていきたいと「望んでいる」のは、遺伝子なのだ。個体がうまく自己保存をしてくれれば遺伝子は生き残れる。そして個体が自分の適応度を増大してくれれば、つまりたくさん子孫をつくってくれれば、遺伝子は増えていける。だから遺伝子は自分の利己的利益のために、自分が宿っている個体を操作して、そのように振舞わせるのである。

これがドーキンスが到達した、遺伝子の利己性というイリュージョンであった。それを彼は、「利己的な遺伝子」というキャッチフレーズによって世の中に広めたのである（『利己的な遺伝子』日髙敏隆他訳、紀伊國屋書店、一九九一年）。

このようにして動物の各個体は、自分の遺伝子をできるだけたくさん残すことを望み、そのように行動する。人間もまたその例外ではない。

けれどちょっと考えてみてもわかるとおり、人間は自分の遺伝子だけを残そうと望んでいるのではない。自分の作品、自分の仕事、自分の名、自分の存在が、自分の死後にも残っていくことも願っている。それが人間の文化を育んできた。このことをどう説明したらよいのか？

そこでドーキンスはミーム（meme）という概念を提唱した。

たとえばある作家の作品とか作曲家のつくった曲とかは、その本人が死んだはるかのちまで残っている。残るばかりでなく、本は増刷され、曲は何度でも演奏され、レコードやCDは売り上げを伸ばしていく。つまり、遺伝子のように増えていくのである。人間は自分の死後も自分の遺伝子が増えていくのを望むだけでなく、自分の作品も増えていくことを望んでいる。この後者をドーキンスはミームと呼ぶことにした。

生きた意味を残す

ミームという言葉は彼の造語である。遺伝子（gene）に似たような性質をもつが、DNAとはちがってその根源となる実体はない。似たものが増えていくだけである。そこで彼は模倣子という意味で、gene と同じような語形と発音の meme という単語をつくった。彼によれば、meme は真似るという意味のギリシア語にヒントを得たものらしい。「詩人の魂」というシャンソンがある。歌は詩人の魂であり、詩人が死んだずっとのちになっても、その歌は町を流れているという歌詞が心を打つ。ドーキンスのミームはこれと同じことを、遺伝子と対比して、いうなれば即物的にとらえたものである。

こうしてドーキンスは、人間が他の動物と同じように単に遺伝子だけを残そうと望むのではなく、文化的なミームも残そうという願望も持つことを強調した。

このイリュージョンは人びとの人間としての誇りをくすぐったようにみえる。ミームという言葉はたちまち世に広まった。それはこのミームというイリュージョンが、人間のそこはかとない願望である死後の生命とか輪廻とかいうものの現代的な表現になったからである。

つまりミームという概念は、自分がいつまでも生きている、生きていたい、というイリュージョンとしては同じことだと考えられる。そう考えること、つまり、そういうイリュージョンを持つことによって、人間は自分の生きている意味を認識し、どう生きるべきか、どう振舞うべきかの指針を得られるのだ。

しかし、考えてみれば、これはまったく証明しようのないものを信じ込んでいるとしか言えないもので、まさに、概念のみによってつくりあげられたイリュージョンである。しかし、それを説く宗教ないし信仰においては、あたかもそれが現実に存在するように説明され、なぜそのようになるかということの理由も付け加えられている。つまり、まったく架空のものと言えない論理的構造をもって、輪廻は説かれるのである。この輪廻の思想によって構築された世界は、それゆえに、ある論理的一貫性をもっており、これを壊すことはきわめて難しい。それと同時にこのような概念のみによって構築されたイリュージョンは、まさに人間独自のものであり、かつ、人間の情緒的感覚と結びついて、強固に存続し続けている。

第11章　イリュージョンなしに世界は認識できない

時代や文化によって変わる

輪廻転生というイリュージョンは奇妙なものに思われるが、このように世界を認識することによって、人びとは生きることができた。さもなければ、人びとはこの世界をどう考えたらよいものかまったくわからず、その中で、自分が何をしたらよいのか、どう生きたらよいのかもわからなかったであろう。輪廻という不思議な、しかも現実性のまったくないイリュージョンを持つことによって、人びとは自分の生き方の基盤を作ることができたのである。

これは時代の古さ、新しさの問題ではないし、「正しい」知識の多少という問題でもない。人間はつねに何らかの形で世界を認識していなければ、生きられないということである。それは人間以外の動物がその知覚の枠に従って、広大な環境の中からいくつかのものを抽出して、自分の環世界を構築し、それによって自分の行動の指針を得ているのと同じことである。

人間の場合にも知覚の枠は厳然として存在してはいるものの、それとはべつに論理を組み立てて、一見いくらでも世界を構築していくことができる。岸田秀氏がいうとおり、人間はいかなる「幻想」でも持つことができるのだ。これを人間の優れたところと見るか、困ったところだと見るかは、その人の価値観次第だが、いずれにせよ人間は、時代により文化によって変わることの可能なイリュージョンを展開させることができ、それによって世界を認識する。

しかしいかなる場合にも、何らかのイリュージョンに基づく世界認識がなければ、生きていくことができないことはたしかである。

第9章でも述べたように、昔の人びとは、たとえば、この地球は球ではなく平面だと思っていた。その平面の上で、今、自分が生きているところから、北へ向かっていけば、どのような場所があり、その先どこまでも、遥かにいくと、それはぼーっとしたものであるとはいえ、そこに他の人びとがおり、あるいは、極楽浄土があると思いながら、日々の暮らしをしていたのである。

地球平面観においては、地球は平らであり、東西南北という方角しかなかったけれど、世界をそのようなものだと認識することはできたし、それで困ることはなかった。その後、人間の知識が広がるにつれて、地球は平面ではなく、球ではないか、と考えられるようになってきた。そして、人びとはさまざまなことからそれを証明しようとした。よく言われる話は、広い海の遠くから近づいてくる船は、まず、マストの先が見え、しだいに船の本体が見えてくるようになる。それは、地球が単なる平面ではなく、丸いからではないか、と思って見れば、さまざまなことがその証明に役立つ。そして結局、人間は地球は丸い、地球はまさに球であると信ずるようになった。

そうなると、世界のあるところに行こうとするときに、東向きにいこうが、西向きにいこうが、どちらからいっても必ず目的地に到達できるはずだということになる。そこから、大航海時代の冒険が始まり、それによって地球が丸いことが証明された。しかし、地球が本当に丸いことを実際の感覚で認識したのは、おそらく、人工衛星というような技術が生まれてから後であったといえるだろう。地表から遥か離れた高空に上ったロケットから地球を見れば、それはあきらかにひとつの球であった。人間が丸い地球を実際に見る前に地球が丸いことを信じるようになっていたのは、きわめて興味深いことといわねばなるまい。そして、現在、人間以外の動物たちは、地球が丸いか平たいかという認識とは関係なく生きている。南極と北極との間を渡るので有名なキョクアジサシというトリも、地球が丸いという認識はもっていないであろう。

変化したのは人間の認識とイリュージョン

しかし、いずれにせよ、地球が平面であった時代、人びとはそのイリュージョンの上に地球の認識をつくり、その認識にたった世界の中で、不自由なく生きていた。地球が丸いことになった現在、われわれはそれを不思議と思うこともなく容認し、その上に自分たちの生活を営んでいる。われわれが海外旅行をするとき、われわれは地球が丸いということを無意識のうちに認めている。現在の世界はこの認識の上にたっている。科学の進歩は地球平面説は間違いであることを示し、人間は地球が丸いという正しい(科学的に正しい)認識に至った。昔の科学史の本にはこのように書いてある。

しかしそのように言えば、現在、われわれが持っている「地球は丸い」という認識もまた、ひとつのイリュージョンではないかということもできる。

同じようなことは、これも有名な天動説と地動説についてもあてはまる。かつて、地球は世界の中心であり、地球の周りを太陽が回っていると信じられていた。これはその当時の人びとにしてみれば、けっしてイリュージョンではなく、事実であった。だから、朝になれば、日は東から昇り、昼は天頂にきて、それから西に傾いていく。そして夜の間、太陽は見えないが、人びとは太陽が自分たちの立っている大地の裏側を動いていって翌日の朝になれば、また東から昇って来るのだと信じて、疑うこともなかった。

当時の人びとの世界はそのように構築されていた。そして、メソポタミアもエジプトも、このような世界の中でさまざまな歴史を残し、建造物をつくり、クレオパトラもシーザーを愛した。

後になって、コペルニクスは、じつは太陽が動くのではなく、地球が太陽の周りを回転しているのであるという地動説を発表した。これは当時の人びとにとっておそるべきイリュージョンであったろう。地球が回っているなどと信ずるのは恐ろしいことであったに違いない。しかし、そのイリュージョンはさまざまな発見によって、事実であると教えられ、現在人びとは地動説を疑ってなどいない。けれど、それによって人びとの日常の生活がどれほど変わったことであろうか。実際に人びとが生活している場は、かつてとそれほど違ってはいない。

天動説の時代に書かれたギリシア悲劇は、今、地動説の世の人びとが感動して読むことができる。そして、太陽と地球の位置というものも、宇宙という広大な中に位置づけられ、われわれはそれを知識として認識して、われわれの世界を構築しているのである。変化したものは地球でも太陽でもなく、人間の認識とそれによってつくられたイリュージョンと、そのイリュージョンによって構築された世界である。

このイリュージョンの転換が起こったのは、何万年という間ではなく、わずかに、この数百年の間である。それによって人間そのものはほとんど変わっていないのに、その人間が構築している世界はがらりと変わってしまった。しかし、いずれの場合にも、その時々の人びとは、その時々のイリュージョンによって世界を認識し、構築していた。古典を開いてみるならば、その時々の人びとがなんらかの形で自分たちの生きている世界を認識し、理解しようとしてきたことがわかる。

文字で書かれた古典でなくとも、たとえばエジプトやシュメールが残した絵を見てもそれは明らかである。よく知られたあの緻密精細に描かれたエジプトの絵は、当時の人びとが自分たちの生きているナイルの世界をどのように意識していたのかを、如実に示しているのではなかろうか。三万年前と言われる洞窟壁画にしても同じである。

重要なのは、その時々に必ずなんらかの認識があったということである。その認識はその後改められ、変化しているから、人びとが信じていたのはひとつのイリュージョンにすぎなかったということになろう。けれど、それなしに、その人びとの世界は構築され得なかったのである。

個体の適応度

現代においても、われわれもまた、多くのイリュージョンをもっている。かつてわれわれは、動物は自分たちの種を維持するために生き、闘っているというイリュージョンを抱いていた。そのために動物たちはすばらしく精巧な行動の組み立てを授けられている。しばしば本能と呼ばれるこれらの組み立ては、すべてが種の存続のためだと信じられていた。

しかし前にも述べたとおり、一九六〇年代にさかんになった野生状態における動物たちの観察から得られた多くの発見は、この信念に疑いを抱かせることになった。その端緒となったのはインドのハヌマンヤセザルやアフリカのライオンでの子殺しであった。

ハヌマンヤセザルの社会のユニットは、オス一匹とメス数匹からなるハーレムである。メスたちはハーレムの主であるオスとの間に産んだ子を一匹ずつ持ち、育てている。この子どもたちが大人になると、オスたちはこのハーレムを離れ、やがて他のハーレムを襲ってその主であるオスを追い払い、ハーレムを乗っとる。そしてそのメスたちが持っている子どもたちを次々に傷つけて、結果としては全部殺してしまう。

ライオンでも同様なことが観察され、報告された。

オスのこのような行動は、種維持のためであるという当時の一般的認識では理解できないものであった。

それは種の維持に必要と考えられていた人口（個体数）調節のためでもなかった。子どもたちを殺したオスは、ハーレムのメスたちと次々に交尾し、自分の子を産ませるので、個体数が減ることはなかったからである。

いったんそのような現象が明らかにされると、似たようなことが多くの動物でおこっていることが次々にわかってきた（日高敏隆『利己としての死』弘文堂、一九八九年）。オスばかりでなく、メスによる子殺しも珍しくないのである。

そうなると、動物たちは種維持のために生き、努力しているとは考えられなくなった。

では動物たちは何を目指しているのか？

それはそれぞれの個体が、自分の血のつながった、すなわち自分の遺伝子をもった子孫をできるだけたくさん後代に残す、ということではないか？

そのように考えれば、動物たちのやっていることはすなおに理解できる。そしてこのことは、「よりよく適応した個体はより多くの子孫を残すだろう。その結果、よりよく適応した個体が増えていき、その方向に進化がおこるだろう」という、ダーウィンの進化論の根幹とも一致する。

そこで、ある個体（オスでもメスでもよい）が自分の遺伝子を持つ子孫をどれだけ多く残しえたかを、その個体の「適応度」と呼ぶことになった。こうして適応度（fitness）という概念が新しく導入された。この概念を用いて表現すれば、動物は種族維持のためではなく、それぞれの個体が自分の適応度をできるだけ増大させようとして生き、努力しているのだということになる。

メスはどんなオスをえらぶのか

こうして動物行動学は、動物たちは種の保存のために生きているのではないという別のイリュージョンに達することになる。オスでもメスでも、種の個々の個体はできるだけたくさん自分の子孫を残すために争っている。自分の遺伝子をもつ生存可能で多産な子孫たちを残そうとしているのである。そのために、あるひとつの種の個体は、同性の別の個体とつねに競争しているのだ。

オスはよりたくさん子孫を残すために、できるだけ多くのメスと交尾したいと望む。彼は自分の魅力、自分の美しい羽、獲物を狩る自分の腕前、自分の力強さ等々をすべてのメスに披露する。一方メスは、自分の子孫を残すためにオスを必要とする。しかしメスは自分が産んだ子どもがたしかに自分の遺伝子をもった子孫であるということがわかるので、しばしば子どもの面倒を見なければならない。それゆえメスは、子どもを育てるために、よりよい条件を与えてくれる〝良い〟オスとつがいたいと望むのである。

良いオスとしての基本的な特質は、健康で強いことである。そこでメスはアプローチしてくるオスのなかからそのような条件にかなった一匹を選ぶ。これがいわゆる、メスによる配偶者選択だ。どの種の動物でも、メスはすべてこのフィーメイル・チョイスを行う。しかし、選択の具体的なやりかたは動物の種によってさまざまで、人間においても文化の違いや時代によってずいぶんと異なる。

クジャクの場合、メスのクジャクはもっとも美しいオスを選ぶ。なぜならオスの美しさは健康状態と関係があるからだ。多くのカエルでは、メスはいちばん大きくて力強い声のオスを選ぶ。春から夏にかけての田んぼでオスガエルたちがいわゆるコーラスをするのは、この選択でメスに選ばれるためのものなのだ。また、ガガンボモドキという昆虫では、メスは大きくておいしい獲物をもってきてくれたオスと交尾する。

このように、メスはつねに強くて健康なオスを選ぶ。これは健康な種を育種するためではない。どのメスも、よりたくさん自分の、つまり自分の遺伝子をもつ子孫を残したいのである。より健康なオスとつがうことは、たくさんの子孫を残し、自分の適応度を最大にするうえでもっとも適切なことなのだ。この個々のメスの選択と、選択されるためのオスたちの競争の結果として、子孫が代を重ねるごとに、より健康な子孫が生み出されていくのである。

種はこうして何十万年もの間維持されてきた。しかしそれは、自分の子孫をできるだけたくさん残したいという、それぞれの個体のイリュージョンの結果でしかない。言いかえれば、オスまたはメスが自分の適応度を最大化したいというイリュージョンの結果にほかならないのである。種の維持は個体の目的でもなく、目標でもない。ただの結果なのだ。

これは人間にもあてはまる。違いといえば、少なくとも公には人間は一夫一妻制であるということだ。しかしこれは人間に限らない。一夫一妻制の動物は、人間以外にも数多く存在する。これらの一夫一妻制の動物たちのなかには、メイル・チョイスも見受けられる。つまり、オスもまたメスを選ぶのである。

いずれにしても、こうして生み出された子孫のなかで、現在の環境によりうまく適応できる個体が生き残り、繁殖していく。種はこうして維持され、このようにして進化が起こった。これが現在での考え方である。

いうまでもないが、一九六〇年代を境にして動物たちがこのように変化したわけではない。動物たちは大昔から同じようにしてきたのだが、われわれの解釈が変わったのである。現在の生物学ではこの解釈のほうが「正しい」と考えられている。だとすると、動物はいわゆる種族維持のために生きているというかつての考え方は、ひとつのイリュージョンであったことになる。

もちろんこの現在の解釈も、またひとつのイリュージョンであるかもしれない。しかし、このイリュージョンによってわれわれは、新しい動物観に立って動物を見ることができるようになった。今日では、この解釈は動物ばかりでなく、植物にもあてはまるとされている。われわれの生物観は一九六〇年代を境にして、新たなイリュージョンに基づくものになったのである。

進化には何の目的も計画もない

このイリュージョンに込められているものは、進化には何の目的も、何の計画もないということである。生き残ることができたものが生き残っているということ、それがすべてである。だから環境が変わると、その生存は難しくなり、恐竜のように絶滅に至ることもあるのである。

生物の絶滅ということについて、長いこと論議が繰り返されてきた。もし生物が神によって創られたものだとしたら、絶滅は神の失敗ということになるかもしれないが、もしそれも神の意志であったとすれば、神は生きものの生死をすべて支配しているはずだから、絶滅もまたやむを得ないことになる。神による創造を考えない場合には、絶滅の理由を説明せねばならない。大隕石の衝突とか地球の寒冷化とか、あるいは「種の寿命」とか、いろいろなことが考えられた。

今われわれは現在の新しいイリュージョンに基づいて、子孫を残していくことができない状況になれば絶滅するという、きわめて当り前なところから説明しようとしている。これは神の意志やら種の寿命より、現実味のあるものではあるまいか。

植物に世界はあるか

このように考えてくると、イリュージョンというものの持つ価値がわかってくる。つまり、なんらかのイリュージョンを持たない限り、世界を認識したり、構築したりすることはできないということである。イリュージョンをつくるのは論理であるが、論理を生み出すのは、極言すれば、神経系である。動物の神経系にはきわめて単純なものから、人間の脳にいたるきわめて複雑なものまであるが、前に述べた動物たちの環世界も神経系が生み出したものであることは間違いない。

それによっておそらくすべての動物は、自分たちの持つイリュージョンによって、それぞれの世界を構築している。人間は概念を組み立てることによって、また新しい概念を、つまり、ある新しいイリュージョンを生み出し、そのイリュージョンによって世界を構築している。もし、神経系がなかったら、世界は存在しないであろう。神経系が現実のものを捉え、それによって世界をつくるのではない、神経系はなんらかの形のイリュージョンをつくることによって、世界を構築しているのだといえる。

そうなると、神経系のない植物に世界はあるのだろうか。一本の松の木に、松の世界というものはあるのであろうか。われわれが外から見、われわれの論理に基づくイリュージョンによって想像する「松の世界」ではなくて、松自身が構築し、認知している世界である。そういうものはおそらく存在していないだろうと思われるが、正直な話、それはまったくわからない。

植物は神経系がないから下等だと思われることもある。しかし、植物がじつに複雑な生き方をしていることはいまではよくわかっている。問題は下等か高等かということではない。動物は幸か不幸か、神経系を持ってしまった。そうなるとその上に否応なく世界というものがつくられてしまう。植物がもし彼らの世界を持っているとしたら、それは動物が持っている世界とはまったく違うものではないだろうか。少なくとも、それはイリュージョンによってつくりだされた世界ではないからである。

植物は気温とか地温などをはじめとして、さまざまな微気象とその変化・推移にきわめて敏感に反応している。太陽の光の強さにも、降水をはじめとする水分・湿度とその変化にも驚くほど微妙に対応している。一定の期間にほぼ一定の高さにまで成長し、一定の時期に開花して、受粉を確実にしているし、中に種子が熟すと果実はその色彩や様態を変化させて、トリや獣に食われやすくなり、種子の散布を容易にする。しかし、それらはすべて、後代に残せる子孫の数という適応度の問題を通して確立されてきたものであって、世界を認知し、それに対応する行動をとることによってなされてきたわけではなかった。

これに対して、神経ないしその相当物をもつ動物においては、その動物が構築している世界が問題となる。それぞれの動物はその各々が持つ知覚の枠に従って、自分にとって意味のある世界を構築し、その世界を認知することに対応して行動をとることで生きている。その成否は植物の場合と同じく適応度という問題を介して判定されているわけであるが、そこに「世界の認識」ということがある点で、神経系のない植物の場合とはまったく異なっているように思われる。そしてこの世界の認識は、今まで述べてきたように、すべてある意味でのイリュージョンの上に立っており、何らかのイリュージョンによる現実の主観化がなければ世界の認識は起こり得ないのである。

終章　われわれは何をしているのか

動物のイリュージョンと知覚の枠

これまでいくつかの例をあげて述べてきたように、われわれ人間も、人間以外の動物も、何らかの形のイリュージョンによって世界を構築し、その中で生きている。

どのようなイリュージョンを持つかは、それぞれの動物によってさまざまに異なるが、その基本的な根底となるのは知覚の枠である。黄（黄緑）、青緑、青という三原色に加えて、紫外線をひとつの色として見ることができるらしい昆虫たちは、これらの色の混合に基づく色彩的世界を構築している。それは赤、黄、青を三原色とし、紫外線は見えない人間にはけっして実感できない世界である。

どちらの世界が真実かと問うことは意味をなさない。昆虫たちは彼らの見ている世界を真実と思っているだろう。われわれ人間はわれわれの見ている世界を真実だと思っている。

しかし、いろいろな草木が茂り、花を咲かせている自然の一隅を、昆虫とわれわれが見ているとき、見ている世界はおそらくまったく異なるものであるだろう。そのどちらが真実であるかを言うことはできない。同じひとつのものを、昆虫と人間がそれぞれのイリュージョンによって認知しているにすぎないからである。

ひとくちに昆虫といっても、昆虫の中にもいろいろなものがいる。たとえば第8章で述べたとおり、アゲハチョウは赤が見えるらしい。一般の昆虫の色彩知覚の枠である黄、青緑、青、紫外線の他に赤も見えるとしか思えない。だとすると、同じ昆虫の一種でありながら、そして同じチョウの一種でありながら、モンシロチョウとアゲハチョウは異なる色彩知覚の枠を持っていることになる。したがって当然、この二つのチョウが構築している色彩的世界も異なっているはずだ。

モンシロチョウの世界には赤は存在しないから、彼らは赤い花にはやってこない。たとえその赤い花に大量の蜜があってもである。けれど赤が存在する世界に生きているアゲハチョウは、好んで赤い花に飛んできて、たっぷりと蜜を吸っている。しかし多くの赤い花も、その芯にあるオシベや花粉は黄色であることが多いから、この黄色によってモンシロチョウは花を認知することができる。しかし、モンシロチョウの世界の中で、大きな真っ赤な花弁の花は暗黒の中の小さな黄色い点として存在していることになろう。けれどその小さな黄色い点は蜜を意味するものであるから、彼らは彼らがそのイリュージョンによって構築している赤のない世界の中で、十分に蜜を吸って生きているのである。

ある動物がどのようなイリュージョンを持つかは、まずその動物の知覚の枠によってきまるが、それは単なる基盤にすぎない。大切なのはその動物が何に意味を与えているかである。それによって、その動物にとっての世界は、第6章で述べたとおり、その時どきによって変わる。それはその時どきによって探し求めるものが変わり、それに従ってイリュージョンも変わるからだ。交尾前と交尾後のモンシロチョウを例として述べたとおりである。

色眼鏡なしにものを見ることはできない

そうなると、客観的なひとつの環境というものは存在しないことになる。同じひとつの林が、そこに生きているそれぞれの動物によって、そしてその動物の状況によって、さまざまな世界に変わっていくのである。

それぞれの世界を構築しているのは、その動物がその時どきに持っているイリュージョンである。岸田秀氏の「唯幻論」は、人間以外の動物にも当てはまるのだ。いわゆる「動物」たちはこのようなイリュージョンを、それぞれの動物の知覚の枠の中でつくりあげ、状況に応じてそれを変える。それによって、そのイリュージョンが構築する世界も変わっていく。人間においてもその点はまったく同じである。

人間は本能が破壊された動物だからイリュージョンを持つ、というわけではない。ちゃんと「本能」を持った動物たち（人間以外の動物たち）も、その本能に基づいたイリュージョンを持ち、そのイリュージョンによって構築された世界に生きているのである。イリュージョンは人間の専売特許ではない。

重要なのは、前章で述べたとおり、イリュージョンなしに世界は認識できないということである。「色眼鏡でものを見てはいけない」とよく言われるが、実際には色眼鏡なしにものを見ることはできないのである。われわれは「動物」と違って色眼鏡なしに、客観的にものを見ることができると思っている。そしてできる限り、そのようにせねばならないと思っている。しかしこれは大きな過ちである。

そしてこの「客観的に」とは、すなわち「科学的に」ということだと思ったのも間違いであった。第7章で述べたとおり、「科学的な根拠を与えられたイリュージョン」は、昔からいくらでもある。それによってわれわれ人間の世界認識や世界観、さらに人生観も、大幅に変わってきた。二〇世紀前半までの素朴な科学史の本を開いてみれば、その変遷の跡は明瞭である。

その変化が世代間ですら起こるという感覚は、昔からあった。「今の若者は……」といった調子の落書きがエジプトの古い遺跡にも発見されている。そのようなものは、当然もっと古くから存在していたものであろう。

しかし問題なのはそういう世代論のごときものではない。人間では世代によってイリュージョンが変わり、人びとは、そのときそのときのイリュージョンに基づく世界を認識し、構築するということである。「歴史は繰り返す」という通俗的な表現が示すとおり、世代ないし時代なりの移り変わりに伴うイリュージョンの変化の結果として、ある時間ののちにまた同じイリュージョンを持つに至ることもある。

われわれは真理に近づいたのか

このことが人間と他の動物とのかなり決定的な違いになる。他の動物ではそういうことは起こっていない。モンシロチョウは何十万年も昔から今のような知覚の枠をもち、それに従って世界を認知していた。モンシロチョウがモンシロチョウでいる限り、そのイリュージョンのパターンが変わることはなく、したがって彼らが認知し意味あるものとして構築する世界も同じものであった。

しかし、人間においては異なっている。

地球は平らなものから球体に変わり、動くのは太陽ではなく地球だということになった。もちろん地球自体が変化したのではない。人間の認識が変化したのである。今から思えば事実でなかったことを、あたかも事実だと思っていたのである。それらの認識はイリュージョンに基づくものだったとしかいいようがない。

これまでに人間は、数多くのものを発見してきた。知覚的には認知しえない紫外線や電磁波をはじめ、そのようなものの存在を理論的に「証明」してきた。それに伴ってイリュージョンも変わった。それによって世界の認識も変わった。

光は粒子であるという理論が成立すると、太陽の輝きに対する認識も変わった。光は粒子ではなく波であるという理論が認められると、認識はまた変わった。そして光は粒子であるとともに波であるという、われわれの知覚の枠の中では理解できないことが理論的に説明されると、一部の学者をのぞいては、光はまた昔ながらの光に戻ってしまった。

これらの発見や理論の提唱は、ごく一部の学者によってなされたものである。二〇世紀に入ると、優れた発見や理論にはノーベル賞という名誉が与えられた。しかしその多くはそののちの発見や理論によって乗り越えられている。学者たちは何をしているのだろうか？　少なくともそれは真理の発見ではない。

学者、研究者たちはいう。われわれは真理に近づこうとしているのだと。

もし真理というものが存在するなら、この言は理解できる。そしてたしかに今日のわれわれは、昔よりより多くのことを知っている。けれど、それによってわれわれは真理に近づいたのであろうか？

物理的世界についてはそうだといえるかもしれない。けれど、客観的な環境というものは存在しないということからもわかるとおり、われわれの認知する世界のどれが真実であるかということを問うのは意味がない。

人間も人間以外の動物も、イリュージョンによってしか世界を認知し構築し得ない。そして何らかの世界を認知し得ない限り、生きていくことはできない。人間以外の動物の持つイリュージョンは、知覚の枠によって限定されているようである。けれど人間は知覚の枠を超えて理論的にイリュージョンを構築できる。

学者、研究者を含めてわれわれは何をしているのだと問われたら、答えはひとつしかないような気がする。それは何かを探って考えて新しいイリュージョンを得ることを楽しんでいるのだということだ。そうして得られたイリュージョンは一時的なものでしかないけれど、それによって新しい世界が開けたように思う。それは新鮮な喜びなのである。人間はこういうことを楽しんでしまう不可思議な動物なのだ。それに経済的価値があろうとなかろうと、人間が心身ともに元気で生きていくためには、こういう喜びが不可欠なのである。

これもまたひとつのイリュージョンにすぎないのであろう。でもこれによって、あまり固苦しい美学や経済に囚われない世界を構築できるのかもしれない。

あとがき

研究のため、あるいは何気なく、動物たちの行動を見ているとき、昔からいつも気になっていることがあった。それは、動物たちが自分たちのまわりの世界をどのように認識しているのだろうかということであった。

どう考えてみても、彼らがわれわれ人間と同じようにこの世界を見ているとは思えない。しかもそれは、動物がちがえばちがうように思えるし、同じ種類の動物でもオスとメスでは見ているものがまるでちがうとしか思えない場合も多いのである。

動物たちを知るためばかりでなく、われわれ人間の世界認識について考える上でも、この問題はきわめて重要であるとぼくは思った。それはこの問題が、「客観的」、「事実」、「科学的」などという、われわれがしばしば気易く使っていることばの意味を問い直すことになるからである。

友人の土器屋泰子さんの勧めに従って素直にそれを書いてみることにした。

二〇〇三年十月

日高敏隆

解説

村上陽一郎

トップに上り詰める直前くらいの企業人を対象にしたある教養セミナーのために編まれたテクストの中に、ユクスキュルの『生物から見た世界』の一節が採録されている。そこにはダニの話が出てくる。長い間ひたすら木の上で、哺乳動物が通りかかるのを待っている。ダニには目がない。だから通りかかった動物の皮膚が発する酪酸の匂いだけをたよりに、その発生源めがけて落下する。そして、後は温度を感じる皮膚の感覚に導かれて、動物の皮膚のなかで毛の少ない場所に移動し、そこで血液を吸う。つまり初めて食べ物にありつく。

この件りは、多くの研修者に大きな衝撃を与えたようだ。もちろん、このダニの生活史の持つ特異性も、衝撃の一つであった。しかしより刺激的であったのは、ダニにとって「世界」は、酪酸の匂いと、多少の温度差の感覚のみによって構成されている、という点だった。この論点は、同時に人間にとっての「世界」をどう見るか、という問題に行き着く。ユクスキュルは、人間にとっても状況は同じだ、と言い切った上で、しかし、人間の場合は、いろいろな人為的な方法を使って、感覚の限界を補強することで、ある程度、自分の「世界」を拡張することを学んできたことを指摘するが。私は、このとき参考文献の筆頭にユクスキュルの翻訳者の一人でもある、日高氏の本書を挙げた。その年度の研修者の同窓会は「ダニの会」と名付けられた。なお一言すれば、本書の第二章の冒頭に、このユクスキュルのダニの議論が言及されている。

本書のタイトルは「動物と人間の世界認識」である。動物行動学者としての日高氏が、それぞれの動物について、「世界」がどう認識されているか、という点を、一つ一つ明らかにしようとするのは、ごく自然なことだ。もちろん人間はダニになれないし、ネコにもモンシロチョウにもなれない。だから、ダニの世界、ネコの世界、モンシロチョウの世界を、そのまま自分の世界として認識することはできない。しかし、彼らの「行動」を仔細に観察することによって、彼らの世界をかなりな正確さで推測することは可能だろう、と日高氏は言う。日高氏は、そこから人間の世界も同様のはずだ、という論点を引き出す。これは、ある意味では非常に大胆な発言である。なぜ大胆か。そのことの意味は、後段で明かにしよう。

さしあたっては、動物の話である。ユクスキュルは、ある動物にとっての「世界」を、ドイツ語で〈Umwelt〉と呼んだ。〈um〉は英語では〈around〉つまり「周りの」であり、〈Welt〉は英語では〈world〉に当たるから、自分を「取り囲む世界」というような意味で、通常は「環境世界」と訳される（日高氏は、独自の視点から「環世界」という訳語を提案されている、詳細は本書五六頁を参照されたい）。その意味では「環境」という言葉に近いが、決定的に違う点がある。それは環境という言葉は、個人なり社会集団なりが置かれた全体の状況を指し、とりわけ科学では、温度、湿度、気圧などの物理的な要素や、森林、海洋、都会のアスファルトなどの自然的・人為的な要素などが問題にされるが、それらの要件は基本的に、そこに置かれる個人や社会集団の存在と独立に規定される。それが「客観的」と言われる環境の意味である。しかし、ユクスキュルに発し、日高氏が見事な筆致で本書で描き出す「環境」は、すでに見たように、そこに存在する動物にとっての「環境」であり、それは明確に「相対的」なものだ、ということになる。ダニにとっての「環世界」は、ネコにとっての「環世界」とはまるで違う。そのことが、本書で最も印象的に語られるのは、日高氏の年来の研究対象であったモンシロチョウを扱った第6章である。この場合は、モンシロチョウという種にとっての「環世界」が、状況によっては変化することがある、という極めて興味深い考察がある。ここで下手に私がなぞるよりは、本文の日高氏の語り口を満喫して戴きたい。

さて、人間も動物の一種である以上、こうした事態は、人間にも当てはまるはずだ。それはそうかもしれないが、私たちは、なんとなく、人間にとっての「環世界」こそ、最も広く、最も充実していて、その上ユクスキュルも認めたように、様々な感覚の補強手段を開発した以上、それこそが「客観的」な世界であり、他の動物たちの「環世界」はその一部に過ぎない、というように思いがちである。しかし日高氏は、それは間違いだと明確に指摘される。それが間違いであることは、例えば、イヌの嗅覚の前に広がる「環世界」は、当然人間の「環世界」をはみ出していると推測されることからも明らかだろう。

しかし日高氏の論点は、より根源的なところに踏み込む。本書の一つのキーワードは、「イリユージョン」である。岸田秀氏の「唯幻論」に触発されたと言われるこの「イリュージョン」という言葉は、私たちが何気なく使っている「現実」の世界を指すために使われるのである。現実が「イリュージョン」とは何事か。

哲学の世界で、と話は突然飛ぶようだが、哲学の世界で相対主義的認識論と呼べる主張がある。無論すべての哲学者がこれに与しているわけではなく、それどころか「オーソドックス」な哲学者には極めて評判が悪いが、要するに、人間の認識する「世界」は、決して普遍的でも客観的でも絶対的でもない、という主張である。科学の世界でも、こうした考え方は一部に浸透していて、クーンの「パラダイム論」などは、そうした相対主義的科学観を導入・普及したものとして、一部の哲学者や科学者の大部分から非難（ときに罵倒）を受けてきた。私も、その一派として、サイバースペース上ではどうやら大いに叩かれているらしい（「らしい」というのは、サイバースペースで自分に関する言及を読む習慣が私には全く無いからだが）。動物に関して一九三〇年代に「環世界」論を提案したユクスキュルも、当時は極めて不人気で、彼は「正規の大学の教授にはなれなかった」と日高氏は書いておられる。

しかし、人間にとっての「環世界」が、決して絶対普遍、共通の一枚岩ではないことは、どう考えても当然ではなかろうか。ちょうどモンシロチョウの環世界が、午前と午後でも違うように、雪の降り方に五十種類以上の異なった言葉を持つイヌイットの人々にとっての環世界と、せいぜい牡丹雪、ザラメ雪、粉雪程度の言葉しか持たない私たちの環世界とは、断じて同じではないだろうし、ニュートン力学の枠組みで見ている環世界と、熱力学の枠組みで見ている環世界とも、微妙にずれるところがあるに違いない。

こうしてみると、「相対主義」というよりは、「複数主義」あるいは「多元主義」と呼んだほうが適切かもしれないが、人間にとっての「環世界」は、その人間が何であるかによって、それぞれに異なる「複数」であると考えるほうがはるかに自然ではないか。つまり環世界の定義は、そこに置かれた有機体と環境とが相互干渉のなかで構築するものである以上、主体としての有機体が変化すれば、当然のことながら環世界も変化することになる。

日高氏は、科学者として、この点を本書で明確に述べておられる。この考え方は、しかし普通は哲学者にも、ましてや「客観性」を重視する科学者には、受け容れ難いもののようだ。「大胆な」と私が書いた理由でもある。

本書は、二〇〇三年十二月十日、小社より刊行された。

シュタイナー経済学講座
ルドルフ・シュタイナー
西川隆範訳

利他主義、使用期限のある貨幣、文化への贈与等々。シュタイナーの経済理論は、私たちの世界をよりよくするヒントに満ちている！（福田邦夫）

発展する地域　衰退する地域
ジェイン・ジェイコブズ
中村達也訳

地方はなぜ衰退するのか？　日本をはじめ世界各地の地方都市を実例に真に有効な再生法を説く、地域経済論の先駆的名著！（片山善博／塩沢由典）

ドーキンス vs. グールド
キム・ステルレルニー
狩野秀之訳

「利己的な遺伝子」か「断続平衡説」か？　両者の視点を公正かつ徹底的に検証して、生物進化における大論争に決着をつける。（新妻昭夫）

自己組織化と進化の論理
スチュアート・カウフマン
米沢富美子監訳
森弘之ほか訳

すべての秩序は自然発生的に生まれる、この「自己組織化」に則り、進化や生命のネットワーク、さらに経済や民主主義にいたるまで解明。

不思議の国の論理学
ルイス・キャロル
柳瀬尚紀編訳

アナグラム、暗号、初等幾何や論理ゲームなど、キャロルの諸作品から精選したパズル集。華麗な〝本や苦〟離れ技をご堪能あれ。（佐倉統）

私の植物散歩
木村陽二郎

日本の四季を彩る樹木や草木。本書は、植物学者がそれら一つ一つを、故事を織り交ぜつつ書き綴った随筆集である。美麗な植物画を多数収録。（坂崎重盛）

デカルトの誤り
アントニオ・R・ダマシオ
田中三彦訳

脳と身体は強く関わり合っている。脳の障害がもたらす情動の変化を検証し「我思う、ゆえに我あり」というデカルトの心身二元論に挑戦する。

動物と人間の世界認識
日高敏隆

人間含め動物の世界認識は、固有の主体をもって客観的世界から抽出・抽象した主観的なものである。動物行動学からの認識論。（村上陽一郎）

人間はどういう動物か
日高敏隆

動物行動学の見地から見た人間の「生き方」と「論理」とは。身近な問題から、人を紛争へ駆りたてる「美学」まで、やさしく深く読み解く。（絲山秋子）

アインシュタイン論文選
アルベルト・アインシュタイン ジョン・スタチェル編 青木薫訳
「奇跡の年」こと一九〇五年に発表された、ブラウン運動・相対性理論・光量子仮説についての記念碑的論文五篇を収録。編者による詳細な解説付き。

偉大な数学者たち
岩田義一
君たちに数学者たちの狂熱を見せてあげよう！　ガウス、オイラー、アーベル、ガロア……。少年たちに数学への夢をかきたてた名著の復刊。（高瀬正仁）

数学のまなび方
彌永昌吉
「役に立つ」だけの数学から一歩前へ。教科書が教えない「数学する心」に触れるための、とっておきの勉強法を大数学者が紹介。（小谷元子）

公理と証明
彌永昌吉 赤攝也
数学の正しさ、「無矛盾性」はいかにして保証されるのか。あらゆる数学の基礎となる公理系のしくみと証明論の初歩を、具体例をもとに平易に解説。

コンピュータ・パースペクティブ
チャールズ&レイ・イームズ 和田英一監訳 山本敦子訳
バベッジの解析機関から戦後の巨大電子計算機へ——。コンピュータの黎明を約五〇〇点の豊富な資料とともに辿る。イームズ工房制作の写真集。

地震予知と噴火予知
井田喜明
巨大地震のメカニズムはそれまでの想定とどう違っていたのか。地震理論のいまと予知の最前線を明快に整理し、その問題点を鋭く指摘した提言の書。

ゆかいな理科年表
スレンドラ・ヴァーマ 安原和見訳
えっ、そうだったの！　数学や科学技術の大発見大発明大流行の瞬間をリプレイ。ときにニヤリ、ときになるほどとうならせる、愉快な読みきりコラム。

初学者のための整数論
アンドレ・ヴェイユ 片山孝次／田中茂／丹羽敏雄／長岡一昭訳
古くて新しい整数の世界。フェルマー、オイラー、ガウスら大数学者が発見・証明した整数論の基本事項を現代的アプローチで解説。

シュタイナー学校の数学読本
ベングト・ウリーン 丹羽敏雄／森章吾訳
中学・高校の数学がこうだったなら！　フィボナッチ数列、球面幾何など興味深い教材で展開する授業十二例。新しい角度からの数学再入門でもある。

問題をどう解くか　ウェイン・A・ウィケルグレン　矢野健太郎訳

初等数学やパズルの具体的な問題を解きながら、解決に役立つ基礎概念を紹介。方法論を体系的に学ぶことのできる貴重な入門書。（芳沢光雄）

算法少女　遠藤寛子

父から和算を学ぶ町娘あきは、算額に誤りを見つけ声を上げた。と、若侍が……。和算への誘いとして定評の少年少女向け歴史小説。箕田源二郎・絵

永久運動の夢　アーサー・オードヒューム　高田紀代志／中島秀人訳

科学者の思い込みの集大成として、あるいはイカサマの手段として作られた永久機関。「不可能」の虜になった先人たちの奮闘を紹介。図版多数。

原論文で学ぶ　アインシュタインの相対性理論　唐木田健一

ベクトルや微分など数学の予備知識も解説しつつ、一九〇五年発表のアインシュタインの原論文を丁寧に読み解く。初学者のための相対性理論入門。

医学概論　川喜田愛郎

医学の歴史、ヒトの体と病気のしくみを概説。現代医療で見過ごされがちな「病人の存在」を見据えつつ、「医学とは何か」を考える。（酒井忠昭）

ガウス　数論論文集　ガウス　高瀬正仁訳

成熟した果実のみを提示したと評されるガウス。しかし原典からは考察の息づかいが読み取れる。4次剰余理論など公表した5篇すべてを収録。本邦初訳。

原典による生命科学入門　木村陽二郎

ヒポクラテスの医学からラマルク、ダーウィン、そしてワトソン－クリックまで、世界を変えた医学・生物学の原典10篇を抄録。（伊東俊太郎）

算数の先生　国元東九郎

7164は3で割り切れる。それを見分ける簡単な方法があるという。数の話に始まる物語ふうの小学校高学年むけの世評名高い算数学習書。（板倉聖宣）

ゲーテ形態学論集・植物篇　ゲーテ　木村直司編訳

花は葉のメタモルフォーゼ。根も茎もすべてが葉である。『色彩論』に続く待望の形態学論集。文庫版新訳オリジナル。図版多数。続刊『動物篇』。

ちくま学芸文庫

動物《どうぶつ》と人間《にんげん》の世界《せかい》認識《にんしき》
イリュージョンなしに世界《せかい》は見《み》えない

二〇〇七年九月　十　日　第一刷発行
二〇一四年十月二十五日　第八刷発行

著　者　日髙敏隆（ひだか・としたか）
発行者　熊沢敏之
発行所　株式会社　筑摩書房
東京都台東区蔵前二―五―三　〒一一一―八七五五
振替〇〇一六〇―八―四一二三
装幀者　安野光雅
印刷所　中央精版印刷株式会社
製本所　中央精版印刷株式会社

乱丁・落丁本の場合は、左記宛にご送付下さい。
送料小社負担でお取り替えいたします。
ご注文・お問い合わせも左記へお願いします。
筑摩書房サービスセンター
埼玉県さいたま市北区櫛引町二―六〇四　〒三三一―八五〇七
電話番号　〇四八―六五一―〇〇五三

ISBN978-4-480-09097-3 C0145